纳米复合薄膜的气相
合成与热电性能研究

王 娇 著

黄河水利出版社
·郑州·

内 容 提 要

本书围绕纳米复合热电薄膜的可控备及性能开展研究。首先概述了热电材料的体系、进展及提升其热电性能的手段;然后分别介绍了采用气相聚合(VPP)法制备 PEDOT 及 PEDOT/SWCNT 复合薄膜,并采用了多种溶剂对薄膜进行掺杂和去掺杂后处理,进一步提高 PEDOT 薄膜的热电性能。

本书适合从事热电材料研究与应用的研发及工程技术人员参考使用。

图书在版编目(CIP)数据

纳米复合薄膜的气相合成与热电性能研究/王娇著. —
郑州:黄河水利出版社,2020.8
ISBN 978 - 7 - 5509 - 2777 - 3

Ⅰ. ①纳…　Ⅱ. ①王…　Ⅲ. ①纳米材料 - 复合薄膜 - 研究　Ⅳ. ①TQ320.72

中国版本图书馆 CIP 数据核字(2020)第 149387 号

组稿编辑:王路平　电话:0371 - 66022212　E-mail:hhslwlp@ 126. com

出　版　社:黄河水利出版社　　　　　　　　　　网址:www. yrcp. com
　　　　地址:河南省郑州市顺河路黄委会综合楼 14 层　邮政编码:450003
发行单位:黄河水利出版社
　　　　发行部电话:0371 - 66026940、66020550、66028024、66022620(传真)
　　　　E-mail:hhslcbs@ 126. com
承印单位:广东虎彩云印刷有限公司
开本:890 mm × 1 240 mm　1/32
印张:4.875
字数:160 千字
版次:2020 年 8 月第 1 版　　　　　　　印次:2020 年 8 月第 1 次印刷
定价:30.00 元

前　言

　　热电材料是一种能够实现热能与电能相互转换的功能材料,在温差发电和热电制冷等领域具有广泛的应用前景。传统的无机热电材料虽然展现出相对较高的热电性能,但是由于其具有原材料价格昂贵,存在重金属污染及加工工艺复杂等缺点,严重影响了其大规模的应用。有机热电材料如聚3,4-乙烯二氧噻吩(PEDOT)具有高电导率、低热导率、质轻、价廉、容易合成和加工成型等优点,其作为一种新型的热电材料倍受关注。因此,本书采用气相聚合(VPP)法制备 PEDOT 及 PEDOT/SWCNT 复合薄膜,并采用了多种溶剂对薄膜进行掺杂和去掺杂后处理,进一步提高了 PEDOT 薄膜的热电性能。

　　为了提高 PEDOT 薄膜的热电性能,采用 VPP 法制备了 PEDOT-Tos-PPP/SWCNT 复合薄膜,研究了不同 SWCNT 含量对复合薄膜热电性能的影响。实验结果表明:随着复合薄膜中 SWCNT 含量的增加,Seebeck 系数呈现增大的趋势,由 15.5 $\mu V/K$ 增加到 24.1 $\mu V/K$;当 SWCNT 含量为 35 wt% 时,室温下的功率因子达到 37.8 $\mu W/(m \cdot K^2)$,是 PEDOT-Tos-PPP 薄膜的 1.7 倍。这是因为在聚合过程中以碳管为硬模板,三嵌段共聚物 PPP 为软模板,形成了聚合物包覆碳管的核壳结构,实现了聚合物分子链的有序排列,增强了 PEDOT-Tos-PPP 和 SWCNT 之间的 $\pi - \pi$ 相互作用,提高了复合薄膜中的载流子迁移率,使 TE 性能(热电性能)得到一定程度的提高。

　　采用 H_2SO_4 处理 VPP 法制备的 PEDOT-Tos-PPP 薄膜,详细研究了不同浓度的 H_2SO_4 对 PEDOT-Tos-PPP 薄膜导电性能及 Seebeck 系数的影响。结果表明:经 1 mol/L 的 H_2SO_4 处理后,薄膜的电导率由 944 S/cm 增加至 1 750 S/cm,Seebeck 系数略微降低,由 16.5$\mu V/K$ 降至 14.5 $\mu V/K$,因此功率因子由 25.7 $\mu W/(m \cdot K^2)$ 增加至 37.3 $\mu W/(m \cdot K^2)$,是处理前的 1.4 倍。这是因为一方面去除了 PEDOT-

Tos – PPP 薄膜中绝缘物质 PPP,另一方面增加了 PEDOT 薄膜的氧化掺杂程度,大大提高了 PEDOT 薄膜的电导率的缘故。

采用抗坏血酸(VC)作为还原剂对 PEDOT – Tos – PPP 薄膜进行后处理,研究了不同浓度的 VC 水溶液对薄膜热电性能的影响。研究表明:经浓度为 20% 的 VC 水溶液处理后,薄膜功率因子呈现最大值 55.6 $\mu W/(m \cdot K^2)$,是处理前 32.6 $\mu W/(m \cdot K^2)$ 的 1.7 倍。

采用不同浓度的 HI 酸对 PEDOT – Tos – PPP 薄膜进行后处理,研究了不同浓度的 HI 酸对薄膜热电性能的影响。研究表明:经过 5 wt% 的 HI 酸处理后,薄膜的电导率由处理前的 1 532 S/cm 提高到 1 690 S/cm,Seebeck 系数由 14.8 $\mu V/K$ 提高到 20.3 $\mu V/K$,功率因子由 33.82 $\mu W/(m \cdot K^2)$ 提高至 68.59 $\mu W/(m \cdot K^2)$,是处理前的 2.03 倍。

采用 NaBH$_4$ 和 DMSO 的混合液对 VPP 法制备的高电导率 PEDOT – Tos – PPP 薄膜进行去掺杂处理,研究了 NaBH$_4$ 在 DMSO 中的含量对薄膜热电性能的影响。实验结果表明:当 NaBH$_4$/DMSO 混合溶液中 NaBH$_4$浓度为 0.04% 时,后处理薄膜的功率因子达到 98.1 $\mu W/(m \cdot K^2)$,是处理前的 2.5 倍,在 385 K 时薄膜的功率因子为 165 $\mu W/(m \cdot K^2)$,相应 ZT 值(热电优值)为 0.155。

作 者
2019 年 10 月

目　录

第1章 绪 论

1.1 引 言

随着世界人口的高速增长,全球工业化步伐的不断加快,人类对能源的需求量也随之不断增加。不断增长的能源消耗使得传统化石能源正面临枯竭,同时传统化石燃料的燃烧所引起的全球变暖、温室效应、酸雨等对世界环境、人类健康和全球经济的影响也愈发严重。因此,世界各国都纷纷投入对新能源和清洁能源的开发中。

21世纪以来,水能、风能、太阳能等可再生能源具有清洁、无污染、可以循环利用的优势,但也存在各种缺陷:水能和风能很大程度上受到季节、气候、地理因素的制约;太阳能目前成本仍然过高。热电材料和太阳能、风能、水能等能源的应用一样,对环境没有污染。热电材料是一种利用固体内部载流子运动,实现热能和电能直接相互转换的功能材料。并且利用热电材料制作的发电或制冷装置性能可靠、结构紧凑、工作时无噪声、无移动部件、使用寿命长,是一类具有广泛应用前景的环境友好材料。目前,热电材料已经开始一些应用,在发电方面的应用有汽车零部件、太空探测器的供电系统及一些装饰;制冷方面的应用包括电子部件、饮水机及小型冰箱等。

1.2 热电转换技术基本原理

热电效应是电流引起的可逆热效应和温差引起的电效应的总称,包括Seebeck效应、Peltier效应和Thomson效应。

1.2.1 Seebeck 效应

Seebeck 效应是由热能转化为电能的现象。该现象是德国人 Seebeck 在 1823 年首先发现的,即当两种不同导体构成闭合回路时,如果两个接点的温度不同,则两接点间有电动势产生,且在回路中有电流通过,即温差电现象或 Seebeck 效应,如图 1-1(a)所示。

对于这个物理现象给出了一种微观解释,其示意图如图 1-1(b)所示。当材料内部没有温差时,其内部载流子均匀分布。当加热材料的一端,使其温度变为 $T_0 + \Delta T$ 时,高温端的载流子将具有比低温端载流子更高的能量,高温端的载流子不断向低温端扩散,当达到平衡后,低温端的载流子浓度将会高于高温端的,从而产生温差电势 ΔU。

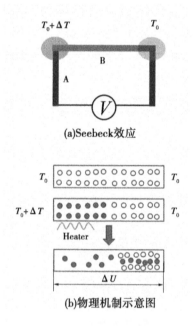

(a)Seebeck效应

(b)物理机制示意图

图 1-1　Seebeck 效应及物理机制示意图

建立在这个物理现象上,可以实现从热能到电能的直接转换,即热电发电同,并由此定义了 Seebeck 系数:

$$\alpha = \lim_{\Delta T \to 0} \frac{\Delta V}{\Delta T} = \frac{\mathrm{d}V}{\mathrm{d}T} \qquad (1\text{-}1)$$

式中,α 为 Seebeck 系数,V/K,数值可正可负;ΔT 为材料两端的温差,K;ΔV 为温差产生的电动势。

α 的大小和符号取决于两种材料的特性和两结点的温度,原则上讲,当载流子是电子时,冷端为负,α 是负值,为 N 型半导体;如果空穴是主要载流子类型,那么热端为负,α 是正值,为 P 型半导体。

1.2.2　Peltier 效应

Peltier 效应是 Seebeck 效应的逆效应,是把电能转化为热能的现象。如图 1-2(a)所示,如果电流通过由两种导体组成的闭合回路,那么会在两种导体的结点处产生吸热和放热的现象。这一现象是由法国物理学家 Peltier 于 1834 年首先发现的。

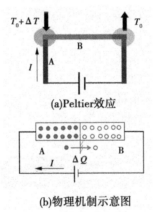

(a)Peltier效应

(b)物理机制示意图

图 1-2　Peltier 效应及物理机制示意图

Peltier 效应产生的物理机制如图 1-2(b)所示,由于两种导体中的载流子浓度和费米能级不同,当两者接触在一起时,在外加电场作用下,其载流子会从一个导体通过结点流向另一个导体。当载流子从费米能级低的导体流向费米能级高的导体时,要通过在结点附近与晶格(热振动)发生能量交换,并吸收足够的能量来通过势垒,宏观上即表现为吸热;反之,当载流子从费米能级高的导体流向费米能级低的导体时,宏观表现为放热。

研究发现,吸收或者放出的热量只与材料的性质和接头处的温度有关,并有如下关系:

$$\frac{\mathrm{d}Q}{\mathrm{d}t} = \pi I \qquad (1-2)$$

式中,Q 为吸收或放出的热量;t 为时间;π 为 Peltier 系数,V;I 为导体中流过的电流。

基于 Peltier 效应,可以通过通电的方式使材料的两端获得温差,从而可以实现热电制冷的目的。

1.2.3 Thomson 效应

Seebeck 效应、Peltier 效应主要针对由两种不同导体组成的闭合回路的情况,而 Thomson 效应是存在于单一导体的热电转换现象。如图 1-3 所示,在一个两端存在温差的导体上通以电流,导体中除会产生与电阻有关焦耳热外,还会产生额外的吸热和放热的现象,称之为 Thomson 效应。Thomson 效应与 Peltier 效应有相似之处,但是不同的是 Peltier 效应中载流子的能量差异源于两种导体中不同载流子的势能差;而 Thomson 效应中的能量差源于同一导体中的载流子随温度不同而导致的势能差异。

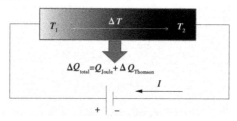

图 1-3　Thomson 效应示意图

Thomson 效应是存在于单一均匀导体中的热电转换现象。当有电流通过已存在温度梯度的导体时,原来的温度分布将被破坏,为了维持原有的温度分布,导体将吸收或放出热量。对于 Thomson 热量有如下关系：

$$\frac{\mathrm{d}Q}{\mathrm{d}t} = \beta I \Delta T \qquad (1\text{-}3)$$

式中，Q 为吸收或放出的热量；t 为时间；β 为 Thomson 系数，V/K；I 为导体中流过的电流；ΔT 为材料两端的温度差。

1.2.4　热电器件及性能判定

根据 Seebeck 效应和 Peltier 效应原理，可以使用热电材料制成元器件来实现温差发电和半导体制冷功能。一般元器件构造多为如图 1-4 所示的 Π 型串联模式，这一模式是将一种 N - 型材料与另一种 P - 型材料串联在一起构成的器件。

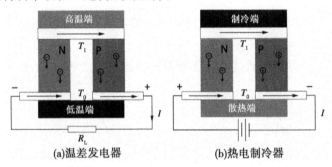

(a)温差发电器　　　　　(b)热电制冷器

图 1-4　热电器件示意图

图 1-4 为热电器件的工作原理示意图，对于热电发电器件来说[见图 1-4(a)]，当热电器件两端存在温差时，P 型和 N 型半导体中的载流子都会从高温端 T_1 向低温端 T_0 移动。当达到平衡时，在 P 型和 N 型半导体的低温端将分别聚集大量的空穴和电子，从而在 P 型和 N 型半导体低温端之间形成电动势，因此闭合回路中就会形成源源不断的电流，从而实现热能的发电。对于温差发电过程，其转化效率可以表达为

$$\eta = P_{\text{out}} / Q_{\text{h}} \qquad (1\text{-}4)$$

式中，η 为发电转化效率；Q_{h} 为热端的吸热量；P_{out} 为输出到负载上的电能。

对于热电制冷器件来说[见图 1-4(b)]，由 N 型和 P 型两种半导

体通过与金属欧姆接触串联在同一闭合电路,当电流 I 按照图示方向通过此回路时,P 型半导体中的空穴和 N 型半导体中的电子和都将会沿着图 1-4(b)中的箭头方向从上向下移动(P 型载流子定向移动方向与电流方向相同,而 N 型载流子定向移动方向与电流方向相反),且在结点处也会有载流子的传输,当电流由 N 型半导体流向金属时,在结点处吸收热量,同样,当电流从金属流向 P 型材料时也伴有热量吸收,这样器件两端就会形成温度梯度,从而把热量从低温端输运到高温端。因此,器件的高温端放热从而对环境加热,而低温端从环境吸收热量实现制冷。热电制冷效率由性能系数 COP(coefficient of performance)表达,为低温端从外界吸收的热量与输入的电能之间的比值,即:

$$\phi = Q_c / P_{in} \tag{1-5}$$

式中,ϕ 为性能系数;Q_c 为低温端的吸热量;P_{in} 为输入的电能。

实际应用中,为了获得更高的转换效率,一般由多个如图 1-4 所示的热电单元所组成,通过串联或并联方式连接来达到所需要的发电或制冷功率。

使用热电材料发电或者制冷时,由于材料本身有一定的电阻,当有电流通过时,材料本身会产生焦耳热。因此,材料与环境热量的变化由热电效应、热传导和焦耳热这三个部分组成。通过计算这三个物理量,最终可以计算出制冷器的最大制冷效率及发电器的最大发电效率。

对于热电发电器来说,其最大的发电效率可以按照式(1-6)计算:

$$\eta_{max} = \frac{T_H - T_C}{T_H} \left(\frac{\sqrt{1 + Z\overline{T}} - 1}{\sqrt{1 + Z\overline{T}} + \frac{T_C}{T_H}} \right) \tag{1-6}$$

对于热电制冷器来说,其最大的制冷效率可以按照式(1-7)计算:

$$\eta_{max} = \frac{T_C}{T_H - T_C} \left(\frac{\sqrt{1 + Z\overline{T}} - \frac{T_H}{T_C}}{\sqrt{1 + Z\overline{T}} + 1} \right) \tag{1-7}$$

式中,T_H、T_C、$\overline{T}$ 分别为高温端、低温端及平均温度。其中 $\overline{T}$ 可以按照式(1-8)计算:

$$\overline{T} = \frac{T_{\mathrm{H}} + T_{\mathrm{C}}}{2} \tag{1-8}$$

从式(1-6)、(1-7)和(1-8)可以看出,当高温端和低温端的温度稳定后,热电制冷和热电发电的最大功率就只与参数 ZT 有关系。因此,实际应用中常常直接利用 ZT 值衡量热电材料的性能。反映热电材料性能的优劣与以下三个参数有关:Seebeck 系数 α、电导率 σ 和热导率 κ。热电优值 ZT 的定义如下:

$$ZT = \frac{\alpha^2 \sigma}{\kappa} T = \frac{\alpha^2 \sigma}{\kappa_{\mathrm{E}} + \kappa_{\mathrm{L}}} T \tag{1-9}$$

式中, $\alpha^2 \sigma$ 又称作功率因子,决定材料的电输运性能; T 为绝对温度; κ_{E} 为载流子热导率; κ_{L} 为晶格热导率。热电优值概念的提出极大地促进了对热电材料的研究,具有明显的指导意义,即优秀的热电材料必须具有较大的 Seebeck 系数、较高的电导率及较低的热导率。

作为热电材料工作者,主要目的就是提高材料的热电品质因子 ZT 值。由式 1-9 可知,一个理想的热电材料需要高的 Seebeck 系数以增大两端电势,高的电导率以有利于载流子导通,以及低的热导率以保持冷热两端之间的温差。

1.3 热电材料研究进展

热电材料的性能主要取决于无量纲热电优值(ZT 值)。不同材料按电导率可分为导体、半导体、绝缘体。图 1-5 概述了不同种类的材料载流子浓度与电导率、Seebeck 系数和热导率之间的内在耦合关系及它们各自的热电转换效率 ZT 值关系。从图中可以看出,决定热电优值的三个物理量(σ、α、κ)都与载流子浓度有关。金属材料的载流子浓度很高,具有高的电导率,但它们的 Seebeck 系数太低,且热导率高;而绝缘体材料的载流子浓度很低,具有高的 Seebeck 系数(高达 10 mV/K)及低的热导率(低于 1 W/mK),但是它们的电导率太低。因此,综合考虑电导率、Seebeck 系数及热导率的关系,金属和绝缘体材料被认为是不好的热电材料,而半导体材料被认为是具有好的热电性能的材料。对于半导体而言,其电导率和热导率(电子热导率部分)都随载流子浓度增大而增大,但是 Seebeck 系数随载流子浓度的增大呈现出相反的变化趋势。由此可见,电导率、Seebeck 系数和热导率三者是相互制约、相互影响的,使得 ZT 值极难提高,需要调节合适的载流子浓度,才能获得最大的 ZT 值。

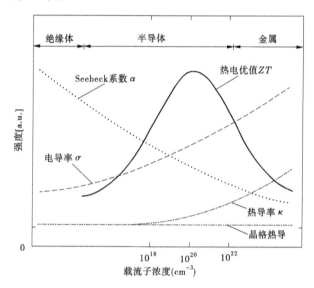

图 1-5　不同种类的材料 Seebeck 系数、电导率和
热导率与载流子浓度间的函数关系

1.3.1　无机热电材料研究进展

传统无机热电材料有室温附近热电材料 Bi_2Te_3 及其合金,中温区 (400 ~ 700 K)热电材料 PbTe 及其合金,高温区(700 K 以上)热电材料 SiGe 及其合金。近几年热电材料的研究取得了显著的进步,纳米科学的进步使材料的热电性能上到一个新的台阶,电子晶体 - 声子玻璃概念的提出促使新体系的发现。目前主要的热电体系包括碲化铋、碲化铅、笼型化合物、填充方钴矿及相应材料的纳米结构和阵列的薄膜及块

体材料。

Bi$_2$Te$_3$基半导体热电材料是研究最早且最为成熟的热电材料体系之一,是室温附近性能最好的热电材料,也是商业化应用最广的材料,其 Seebeck 系数比较大,且热导率较低,同时具有相对较高的电导率,在室温附近最大 ZT 值可达到 1,被大量地应用于半导体制冷元件。Bi$_2$Te$_{2.7}$Se$_{0.3}$ 和 Bi$_{0.5}$Sb$_{1.5}$Te$_{0.5}$ 分别是性能较好的 N 型和 P 型热电材料。Poudel 等通过纳米复合技术制得 P 型的 Bi$_{0.5}$Sb$_{1.5}$Te$_3$块体,在室温温度下 ZT 值可达到 1.2,最大 ZT 值在 100 ℃时为 1.4。Kim 等报道了 Bi$_{0.5}$Sb$_{1.5}$Te$_{0.5}$体系热电材料最大 ZT 值在 320 K 时为 1.86。目前获得最好性能的 Bi$_2$Te$_3$基材料是 2001 年 Venkata Subramanian 等制备的 Bi$_2$Te$_3$/Sb$_2$Te$_3$超晶格薄膜结构,其 ZT 值高达 2.4。

PbTe 系列作为中温区热电材料的代表,是目前在此区域研究的最成熟的材料之一,纯的 PbTe 材料并不具备高的热电性能,但对其进行施主或受主掺杂可形成 N 型和 P 型传导,主要有自掺杂和异种元素取代两种方式,但由于 Pb 和 Te 在化合物中固溶度极低,自掺杂的方式对热电性能的改善十分有限。因此,人们主要通过异种元素取代掺杂的方式、提升 PbTe 的热电性能。2011 年 Pei 等制备的 Na 掺杂的 PbTe$_{1-x}$Se$_x$,在 850 K 时 ZT 值达到约 1.8。2012 年,Biswas 等报道了 PbTe – SrTe 体系热电材料的 ZT 值在 915 K 时高达 2.2。2012 年,Zhao 等报道了 SnSe 单晶的 ZT 值在 923 K 时高达 2.6。

SiGe 合金(Si$_x$Ge$_{1-x}$)是目前较为成熟的一种高温热电材料,适用于制造由放射线同位素供热的温差发电器,并已得到实际应用。当 Si 和 Ge 形成合金后,热导率将会有很大的降低,室温下热导率达到 5 ~ 10 W/(cm · K),从而使得 ZT 值有较大提高。Slack 等从理论上模拟了 SiGe 热电材料可以达到的最大转换效率,认为如果能将晶格热导率降低到最小值,SiGe 热电材料最大的转换效率可达到 23.3%。Yonenaga 等研究了直拉法制备的 SiGe 单晶热电性能,由于单晶没有边界散射效应,机械稳定性和均匀性好,其热电优值可以达到 0.65。Wang 等通过合成纳米化结构的 SiGe,制备出了高 ZT 值的 N 型的 SiGe 热电材料,在 1 173 K 时 ZT 值达 1.3。Giri Joshi 等采用机械合金化与热压烧结制备出 P 型的 SiGe 热电材料在 1 073 K 时 ZT 值达 0.95。

传统的无机热电材料的研究已获得显著的成就,但是由于其原料主要组元质量重或稀缺,或有毒,且它们往往需要复杂的制备工艺即消耗大量的能源,而且制成的材料很难集成为热电器件。因此若想使热电器件大规模应用于生产生活中,必须开发高性能、无污染、无毒且价格低廉的热电材料。

1.3.2 有机热电材料研究进展

通常的高分子材料如聚四氟乙烯、聚内酰胺都属于绝缘体。1970年发现第一种导电高分子——碘或五氟化砷掺杂的聚乙炔,其电导率高达 10^3 S/cm。随后几年,一系列新型导电高分子相继问世,如聚苯胺(PANI)、聚噻吩(PTH)、聚吡咯(PPy)、聚对苯乙炔(PPV)及其衍生物等(见图 1-6)。一般来讲,导电聚合物分为复合型导电聚合物和本征型导电聚合物两大类。本书主要研究本征型导电聚合物,其碳骨架具有大共轭 π 键结构,这种大 π 键共轭体系有利于电子或空穴等载流子的迁移,经化学或电化学掺杂后其室温下的电导率提升数个数量级,可以从绝缘体转变为半导体,甚至导体。相对于无机半导体原子的替代掺杂,其掺杂量只有万分之几,而导电高分子的掺杂是氧化还原过程,其掺杂量高达 30% ~ 50%。由于其掺杂为氧化/还原反应,因此可以通过氧化/还原手段进行去掺杂,这种掺杂/去掺杂的过程是完全可逆的。因此,导电聚合物在室温下拥有较宽的电导率,可在绝缘体—半导体—金属态范围内变动(见图 1-7)。

有机热电材料(通常指导电聚合物)具有质轻价廉、原材料丰富、功率密度大(尽管至今它们比无机热电材料的转换效率要低)、柔性,并可通过印刷或喷涂工艺实现器件的批量化生产等特点。此外,有机半导体具有很低的热导率(300 K 时为 0.2 ~ 06 W/m·K),这对提高 ZT 值及热电转换效率是十分有利的。而有机半导体由于电输运性能差,即功率因子 $\sigma\alpha^2$ 低,其 ZT 值通常要比传统有机热电材料的低 2 ~ 3个数量级,因此以往一直认为聚合物不适合作为热电材料。近来,人们逐渐意识到有机热电材料除具有上述难以避免的缺点外,其导电高分

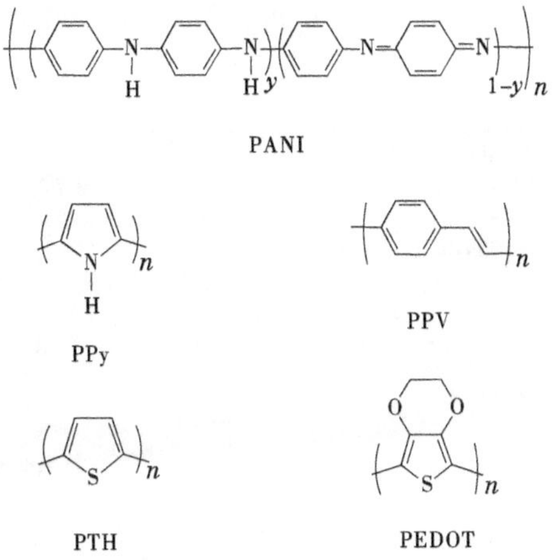

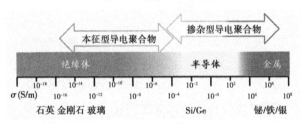

PANI

PPy

PPV

PTH

PEDOT

图 1-6 常见导电高分子的化学结构

图 1-7 导电聚合物室温电导率范围

子既具有金属和无机半导体的电学和光学特性,又具有有机聚合物柔
韧的机械性能和可加工性,同时还具有电化学氧化还原活性。这些特
点决定了导电聚合物在电化学器件的开发和发展中发挥重要作用,例
如在生物传感器、太阳能电池、有机透明电极、电化学电容器、抗静电涂
层等多个研究领域的应用。同时学术团体及工业部门加强了对导电聚
合物在电子方面的应用(发光二极管、有机太阳能电池、超级电容器等
领域)与研究,使导电聚合物的电导率得到很大的提高,从而使它们具
有高的功率因子以致高 ZT 值的可能,近年来受到热电方面的工作者
越来越多的关注。目前,有机热电材料的研究主要集中制备出 PANI、
P3HT、PEDOT 的复合材料。图 1-8 为近些年有机热电材料在热电方面

的研究进展。从图中可以看到有机热电材料自 2010 年有了突破性的进展。

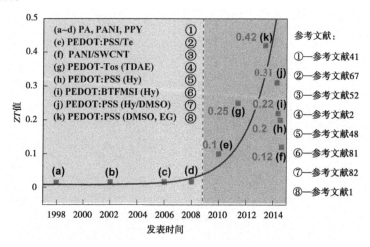

图1-8 导电聚合物及复合材料热电性能的研究进展

Meng 等采用两步法制备了 PANI/CNT 复合材料。第一步,制备 CNT 网状结构;第二步,在 CNT 网状结构的基础上原位聚合 PANI,从而得到 PANI/CNT 复合材料。结果表明:所制备的复合材料的电导率、Seebeck 系数和功率因子都有所提高,认为是由纳米结构的 PANI 包覆在 CNT 表面所引起的能量过滤效应造成的。Wang 等采用原位界面聚合的方法制备了 PANI/PbTe 复合材料。这种复合材料主要由 PbTe 纳米粒子、PANi/PbTe 核 - 壳结构和 PbTe/PANi/PbTe 三层球状纳米结构组成,当测试温度为 373 K 时,电导率为 0.022 S/cm,Seebeck 系数为 578 μV/K。Cho 等制备了均匀有序的 PANI/graphene/PANI/DWNT(双壁碳纳米管)复合膜,最大功率因子高达 1 825 μW/(m·K^2),其原因认为是 PANI 与 DWNT 相互之间的 π - π 共轭键相互作用,使得复合材料的迁移率增加,同时石墨烯具有高的电导率。Chandrani 等采用樟脑磺酸对 PANI 处理,结果发现:樟脑磺酸处理过的 PANI 薄膜在低温时具有超高的 Seebeck 系数,当温度为 17 K 时,ZT 值高达 2.17。Zhang 等采用二(三氟甲基磺酰)亚胺铁(TFSI)对 P3HT 进行掺杂处理,室温时的最大功率因子为 26 μW/(m·K²)。陈立东研究员课题组报道了用樟脑磺酸掺杂 PANI/SWCNT(单壁碳纳米管)的复合膜,当膜中 SWCNT 含量约为 70 wt% 时,室温功率因子达到 176 W/(m·K²)(见图1-9),ZT 值约为0.12,是至今报道的聚合物基纳米复合材料 ZT 值中最高的,其原因认为是 PANI 与 SWCNT 相互之间的 π-π 共轭键相互作用,使附着在 SWCNT 表面的 PANI 分子链有序度大大提高。

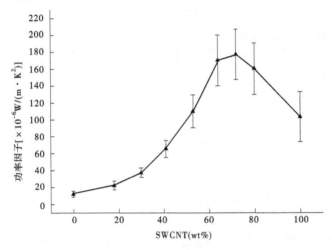

1-9 随着 SWCNT 含量的增加 PANI/SWCNT 复合材料的功率因子变化

Sun 等研究了掺杂剂四氟四氰基醌二甲烷(F_4TCNQ)的浓度对P3HT 热电性能的影响,结果发现:掺杂剂 F_4TCNQ 的浓度从 0.2 wt% 提高到0.7 wt% 时,P3HT 复合薄膜的电导率从 2×10^{-5} S/cm 提高到 3.7×10^{-5} S/cm,Seebeck 系数由 460 μV/K 增加到 530 μV/K,最大的功率因子为 7.58×10^{-3} μW/(m·K²)。Toshima 等通过物理混合和溶液混合的方法分别制备了 $PANI/Bi_2Te_3$ 复合薄膜,并比较了通过这两种方法所制备的复合薄膜的热电性能。研究发现:通过物理混合所制备的复合薄膜具有更高的电导率和功率因子。蔡克峰课题组也较早开展了 P3HT/MWCNT(多壁碳纳米管)复合热电材料的研究:采用简单的原位聚合结合离心沉积法制备了复合膜,发现加入 MWCNT 可以显著提高聚合物的电导率,同时保持较高的 Seebeck 系数。Bounioux 等则用 SWCNT 或 MWCNT 与 FeCl₃ 掺杂的 P3HT 复合,发现前者具有更高的电导率,而 Seebeck 系数差不多,当 SWCNT 含量为 81 wt% 时复合材料的功率因子达到 95 $\mu W/(m \cdot K^2)$。采用原位聚合法研究了 P3HT/GN 复合材料的热电性能,发现当 GN 薄片的含量在一定范围内增加时,复合材料的电导率和 Seebeck 系数同时增大,其原因认为是加入 GN 片后,使 P3HT 链有序性增加,从而使载流子迁移率增加。Yang 等合成出 P3HT - Te 纳米线,制备了可柔性的 P3HT - Te 薄膜,测得 P3HT - Te 薄膜的 Seebeck 系数达 285 mV/K。

Wang 等采用简单的原位聚合制备了 PPy/MWCNT 复合材料,研究了不同 MWCNT 含量对复合材料热电性能的影响。实验结果表明:随着 MWCNT 含量的增加复合材料的电导率呈现出先增加后减小的趋势,而 Seebeck 系数呈现增大的趋势,当 SWCNT 含量为 20 wt% 时,室温下的功率因子达到 2.079 $\mu W/(m \cdot K^2)$ 是纯 PPy 的 26 倍。

中国科学院化学所的朱道本院士课题组及江西科技师范大学的徐景坤教授课题组对纯导电聚合物的热电性能研究开展得较多。前者还在配位聚合物方面做出了很多的工作,他们分别制备了 P 型和 N 型的配位聚合物(分别用金属 Ni 和 Cu 配合),N - 型配位聚合物的 ZT 值在 440 K 时达到 0.2;且用合成的 P 型和 N 型的配位聚合物研制了热电器件(含 30 对 N - 、P - 型热电臂),输出功率达到 2.8 $\mu W/(m \cdot K^2)$。另外,他们通过掺杂得到了功率因子为 20 $\mu W/(m \cdot K^2)$ 的 P3HT 薄膜。而徐景坤教授课题组主要研究了有关聚噻吩的热电性能,如他们用 PEDOT:PSS 为工作电极,用电化学方法沉积了 PTH 或 P3HT 制得双层热电膜。

1.4　聚(3,4 - 乙撑二氧噻吩)热电材料研究进展

聚噻吩的衍生物——聚 3,4 - 乙撑二氧噻吩［Poly（3,4 - ethylenedioxythiophene）,PEDOT］是德国拜耳公司于 1991 年率先合成。它是在噻吩环 3,4 位上引入乙撑二氧基,有效阻止了单体聚合时噻吩环上 $C_\alpha - C_\beta$ 的连接,使聚合时分子链趋向于共平面的构象,增强了分

子内和分子间的共轭作用,因此具有较低的能隙 1. 6 eV。另外,
PEDOT 还具有较低的氧化电势和在空气中良好的稳定性,使它成为导
电聚合物领域的研究热点。为了提高 PEDOT 的热电性能,采用的方法
主要集中在两个方面:(1)复合——通过与具有高 α、σ 系数的纳米材
料复合,来提高有机热电材料的 ZT 值;(2)后处理——通过氧化还原
掺杂和去掺杂等方法对材料进行后处理,通过协调 α 和 σ 系数的关系
来提高功率因子从而达到提高 ZT 值的目的。

1.4.1 聚(3,4 – 乙撑二氧噻吩)—无机纳米结构复合对热电性能的影响

提高 PEDOT 材料的热电性能,难点是同时提高电导率和 Seebeck
系数。为了提高 PEDOT 的热电性能,可以采用有机 – 无机复合的方法
将高电导率的无机材料或具有高 Seebeck 系数的热电材料均匀地分散
在 PEDOT 中,通过有机 – 无机复合产生的协同效应,以期制备出性能
优异的 PEDOT 基无机纳米结构复合材料。

一种方法是:根据载流子传输机制,无机相和有机相的导电类型应
相同,费米能级要不同,而且本身的 Seebeck 系数要高,如 PbTe、
Bi_2Te_3、Te 等。利用低维材料增强界面散射和界面处的能量过滤效是
获得高热电优值的有效手段。例如,Wang 等采用界面原位聚合法制备
了 PbTe/PEDOT 纳米管,研究了其热电性能,发现 PbTe 含量从 0 增加
到 43. 9 wt% 时,复合材料电导率从 1×10^{-4} S/cm 增加到 $6. 16 \times 10^{-3}$
S/cm,但是复合材料的 Seebeck 系数的绝对值从 4 088 $\mu V/K$ 降到了
1 205 $\mu V/K$。Nelson 等研究了 PEDOT:PSS(聚苯乙烯磺酸钠)– Te 界
面相互作用对复合薄膜热电性能的影响。Du 等将 P 型商用产品 Bi_2
Te_3 进行剥离,然后使用浇铸法和旋涂法分别制备了 Bi_2Te_3 – PEDOT:
PSS 复合薄膜。当 Bi_2Te_3 含量为 4.1 wt% 时,通过浇铸法制备的复合薄
膜获得了最大的功率因子为 32. 26 $\mu W/(m \cdot K^2)$。2010 年 See 等通过
原位聚合法合成了 PEDOT:PSS – Te 纳米复合薄膜,该复合薄膜具有比
PEDOT:PSS 和 Te 都高的电导率。其原因认为是复合薄膜中形成了连
续的网络结构和纳米级的有机 – 无机界面,使颗粒之间的接触得到了

改善,所以复合材料的电导率得到了提高。另外,PEDOT:PSS 防止了 Te 纳米棒的氧化。所以 PEDOT:PSS - Te 纳米复合薄膜具有良好的热电性能,室温时 ZT 值达到了 0.1。

另一种方法是:有机无机复合是利用两相间 $\pi-\pi$ 电子体系相互作用改善界面接触。常选用的无机材料为碳纳米材料,如 CNTs、GN(石墨烯)、C60(富勒烯)等,它们都有离域的 $\pi-\pi$ 电子体系,同时碳纳米材料可以作为 EDOT 在聚合过程中的模板,对 PEDOT 的形貌有一定的导向性。碳纳米材料与 PEDOT 间通过 $\pi-\pi$ 相互作用,有利于改善界面结合和载流子传输,这种界面结合方式可同时提升复合材料的电导率和 Seebeck 系数。自 2008 年,Yu 等报道了绝缘的聚醋酸乙烯酯/CNT 复合材料的热电性能,发现材料的热导率和 Seebeck 系数随 CNT 的含量变化不敏感,而电导率随 CNT 含量的增加而提高,即在该种复合材料中,可以解耦电导率、Seebeck 系数及热导率,因而激发了人们对 CNT 作为填料的聚合物基复合热电材料的研究。随后,2010 年 Kim 等制备了 PEDOT:PSS - CNT 复合材料,其电导率得到大幅提高,达到 400 S/cm,而 Seebeck 系数和热导率随着 CNT 含量的增加变化不明显。其主要原因认为是覆盖在 CNT 之间结合部位的 PEDOT - PSS 使得电子可以容易地从一根 CNT 迁移到另一根 CNT,提高了复合材料的电导率。由于 CNT 和 PEDOT:PSS 振动光谱不匹配,热传导在 CNT 和 CNT 结合部位受到了阻碍,因此复合材料热导率随着 CNT 含量的增加基本保持不变。所以 CNT 的加入提高了复合材料的热电性能,最大的 ZT 值为 0.02。Moriarty 等也报道 PEDOT:PSS/CNT 复合体系,发现随着 CNT 含量的增加电导率快速提高被 Seebeck 系数的降低抵消了不少,结果功率因子最大为 100 $\mu W/m \cdot K^2$,ZT 最大值为 0.03。Yu 等制备了 PEDOT:PSS/CNT 复合膜,发现膜的电导率与 Seebeck 系数关联较弱,室温功率因子最大达到 160 $\mu W/(m \cdot K^2)$。他们认为 CNT 与 CNT 之间的结(见图 1-10)对提高电导率和抑制热导率起了非常重要的作用。当 CNT 与聚合物复合时,CNT 之间以串联的形式导电,这是由于 CNT 与 CNT 结之间存在导电的聚合物颗粒,即电传输可以通过复合材料结,而由于 CNT 与基间的分子振动谱不一致,这种结妨碍了声子的传输,即有利于降低热导率。Du 等采用旋涂的方法制备了炭黑(CB)－PEDOT:PSS 复合薄膜,当 CB 含量从 0 增加到 11.16 wt%时,复合薄膜的电导率先增大后减小,Seebeck 系数缓慢增加。当 CB含量为 2.52 wt% 时,复合薄膜室温下具有最大的功率因子 0.96 $\mu W/(m \cdot K^2)$。Du 等还通过旋涂的方法制备了 MWCNT－PEDOT:PSS 复合薄膜。当 MWCNT 含量从 0 增加到 30 wt% 时,复合薄膜的电导率逐渐下降(从 765.9 S/cm 降低到了 346.6 S/cm),Seebeck 系数略有增加(从 10.2 $\mu V/K$ 增加到 11.1 $\mu V/K$)。Xu 等利用 rGO(还原的氧化石墨烯)作为模板,采用原位聚合方法制备了 PEDOT－rGO 复合材料,复合薄膜获得了最大的功率因子 5.2 $\mu W/(m \cdot K^2)$。

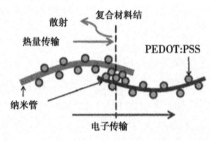

图 1-10　PEDOT:PSS/CNT 复合材料中 CNT 之间形成的"结"示意图

Li 等采用用 GO(氧化石墨烯)为原料,将 GO 与 PEDOT:PSS 均匀分散后,用浇铸法制备了 PEDOT:PSS/GO 复合膜,然后用 HI 酸浸泡处理(HI 酸具有弱还原性),制得 PEDOT:PSS/还原氧化石墨烯(rGO)复合薄膜。发现当 rGO 含量较低时,随 rGO 含量的增加,电导率和Seebeck 系数同时增大,最大的功率因子达到 32 $\mu W/(m \cdot K^2)$,比纯PEDOT:PSS 膜高出 50%,原因认为是 rGO 使得 PEDOT 的分子排列更有序,且浸泡处理也会洗去部分绝缘性的 PSS。Du 等综述了近年来关于有机无机热电材料的研究进展,填补了这个领域的空白。

综上所述,有机无机复合是提升 PEDOT 材料热电性能的一种有效途径。

1.4.2　后处理对聚(3,4-乙撑二氧噻)热电性能的影响

同其他导电高分子一样,PEDOT 在未掺杂状态下属于有机半导体,因为在未掺杂导电聚合物中,载流子的传输主要依靠声子辅助的分子链间跳跃完成,载流子浓度低,其电导率相对较低,但 Seebeck 系数很高;经过掺杂可使其载流子浓度大幅度增加,变成金属性导体,即在高氧化程度下,电导率很高,但 Seebeck 系数相对较低。由于聚合物具有特有的氧化还原可逆性,可以将聚合完成的聚合物材料(PEDOT)进行后处理——通过将其暴露在液相或气相化学试剂中,二次处理调节其氧化掺杂程度,使其载流子浓度及迁移率达到合适水平,从而达到优化 ZT 值的目的。

通过 PEDOT 薄膜暴露在液相或气相化学试剂中,如二甲基亚砜(DMSO)、N,N-二甲基甲酰胺(DMF)、四氢呋喃(THF)等,这些溶剂可以调节 PEDOT 薄膜氧化掺杂程度,同时可以使 PEDOT 的分子链排列的更加有序,有利于载流子的传输,因而可以进一步提高 PEDOT 薄膜的电导率。Jiang 等研究了不同有机溶剂掺杂和不同的热处理工艺处理后的 PEDOT:PSS 的热电性能,发现 DMSO 或者乙二醇(EG)对 PEDOT:PSS 薄膜处理后,PEDOT 的分子链由弯曲结构转变成了直线结构,改善了 PEDOT:PSS 薄膜的电导率。Scholdt 等通过旋涂的方法制备了 PEDOT:PSS 薄膜,采用 DMSO 处理后,发现薄膜的电导率显著增加,但是其 Seebeck 系数和热导率基本不变。DMSO 的浓度为 5 vol.% 时,室温时薄膜的 ZT 值为 9.2×10^{-3}。Liu 等报道了 DMSO 掺杂的 PEDOT:PSS 薄膜的电导率(300 S/cm)明显高于块体的电导率(55 S/cm),但 Seebeck 系数基本相同。采用尿素对 PEDOT:PSS 薄膜进行后处理,随着尿素含量的增加,薄膜的电导率从 8.16 S/cm 增加到 63.13 S/cm,Seebeck 系数从 14.47 μV/K 增加到 20.7 μV/K,室温下功率因子从 0.2 μW/(m·K²)增加到了 2.7 μW/(m·K²)。2011 年,Bubnova 等采用对甲苯磺酸铁[Fe(Tos)₃]溶液氧化聚合 EDOT 单体,制备出 Tos 掺杂的 PEDOT 薄膜,然后利用四(二甲胺基)乙烯蒸气后处

理,得到氧化掺杂程度不同的 PEDOT 薄膜,当氧化程度从 36% 降低到 15% 时,电导率从 300 S/cm 降低到 6×10^{-4} S/cm,Seebeck 系数从 40 μV/K 增加到 780 μV/K,通过调节合适的氧化掺杂程度,PEDOT 室温时 ZT 值可达 0.25。这个工作报道以后,越来越多的科研工作者开始关注在通过后处理、协调电导率和 Seebeck 系数的关系,以期望提高材料的热电性能。2013 年,Kim 等报道了用乙二醇(EG)后处理二甲亚砜(DMSO)掺杂的 PEDOT:PSS 薄膜,将其 ZT 值提升到了 0.42(见图 1-11),这是目前报道的性能最好的有机热电材料,已接近用于制备器件的水平,大大提高了研究者对有机热电材料探索的热情。随后,人们用不同的试剂对 PEDOT:PSS 薄膜进行掺杂或去掺杂,也得到了很好的结果。如 Culebras 等采用电化学方法用多种反离子掺杂 PEDOT,其中双(三氟甲基磺酰基)亚胺掺杂的 PEDOT 具有最佳的热电性能,最大 ZT 值为 0.22。Lee 等先用对甲苯磺酸掺杂 PEDOT:PSS 薄膜,然后将掺杂的薄膜用联氨/DMSO 混合液去掺杂,通过控制混合液中联氨的浓度来调控掺杂程度,获得最大 ZT 值为 0.31。Park 等用 Fe(Tos)$_3$、吡啶(Py)、聚乙二醇 - 聚丙二醇 - 聚乙二醇(PEG - PPG - PEG)、EDOT 混合溶液浇注制备 PEDOT 薄膜,采用电化学法进行适当的氧化还原掺杂,得到了功率因子高达 1 270 μW/(m·K^2)的 PEDOT 薄膜。可见,通过氧化还原掺杂和去掺杂等方法对 PEDOT 材料进行后处理,可以显著提高其热电性能。

利用后处理的方法改善 PEDOT 材料的热电性能的机制可以借助能带理论来解释,导电聚合物的能带结构可以利用半导体的能带结构来解释(见图 1-12)。每个分子由多个原子组成,该分子的分子轨道由能级相近的原子轨道的线性组合得到。原子轨道通过线性组合形成分子轨道时,轨道数目不变,但能级发生变化,两个能量相近的原子轨道组合成分子轨道时,总要产生一个能级低于原子轨道的成键轨道(π)和一个能级高于原子轨道的反键轨道(π*),多个成键轨道或反键轨道的交叠、简并,形成能带。其中成键轨道中最高的占据轨道称为 HOMO,反键轨道中最低的空轨道称为 LUMO,HOMO 和 LUMO 间的宽度是带隙 E_g。

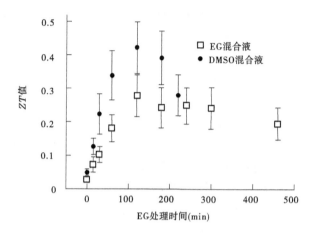

图 1-11　EG 和 DMSO 掺杂的 PEDOT:PSS 薄膜
经过不同时间的 EG 后处理室温下的 ZT 值

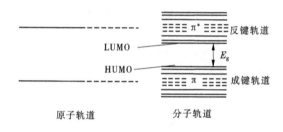

图 1-12　有机聚合物能带结构示意图

　　导电聚合物的带隙 E_g 主要由聚合物链的有效共轭长度及聚合物主链上的官能团决定。本征型导电聚合物的带隙 E_g 很大,电导率很低,通常介于绝缘体和半导体之间。大量的实验表明,通过化学的方法对聚合物进行掺杂,可以降低共轭聚合物的带隙 E_g,实现了导电聚合物从绝缘体到半导体,再到导体的转变。另外,共轭聚合物形成类双键结构,有利于载流子迁移率的提高,也可以降低禁带宽度 E_g。

　　导电聚合物的掺杂实质是掺杂剂与主链发生氧化还原反应,掺杂伴随着电子得失,掺杂过程改变了主链中的电子数。其中,P 型掺杂是其主链失去电子同时伴随对阴离子的嵌入,N 型掺杂是其主链得到电子同时伴随对阳离子的嵌入,对离子的嵌入使导电聚合物整体上呈现电中性。导电聚合物与传统的半导体材料不同,掺进的电子或空穴会导致分子链晶格的畸变,在链中激发起孤子、极化子和双极化子,进而会影响分子的输运特性。因此,导电聚合物中的载流子是孤子、极化子和双极化子。由于聚合物分子链间存在 π-π 相互作用,分子链间因此堆积交联,所以载流子在共轭聚合物中的传导不是一维方向的而是二维或三维方向的,载流子在分子链内沿着聚合物线性共轭 π 电子体系传导,在分子链间通过热激发跳跃的方式进行传递。

导电聚合物中的载流子——孤子,可以不带电(中性孤子),也可以带电(正电孤子、负电孤子)。中性孤子,即碳链上存在着的孤立 π 电子,系统无额外电荷[见图 1-13(a)]。掺杂时,中性孤子去掉一个电子成为正电孤子[见图 1-13(b)],或加上一个电子成为负电孤子[见图 1-13(c)]。当系统中激发起一个孤子时,禁带中出现了一条孤子能级,从能级的角度讲,相当于在禁带中给载流子的跃迁加了一个台阶,

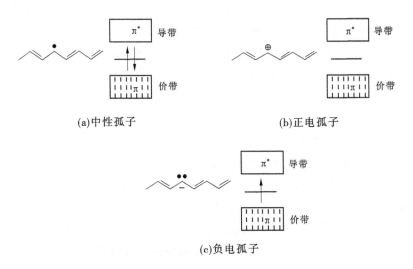

(a)中性孤子　　　　　　　　　　　(b)正电孤子

(c)负电孤子

图 1-13　反式聚乙炔的能带图像及三种类型孤子和对应的化学结构

载流子的跃迁比基态时多了两种方式,价带顶的载流子有足够的能量可以直接跃迁到导带底,也可以跃迁到孤子能级。孤子能级的载流子可以跃迁到导带底,显然系统的导电性得以提高。

在导电聚合物中若两个荷电孤子带异号电荷,由于异号之间的吸引力,最后湮灭(导致去掺杂);但如果一个为荷电孤子,另一个为中性孤子时,则这时孤子和反孤子之间就会相互作用形成一个新的束缚态——极化子态,极化子是带一个单位电荷的孤子对;图 1-14(b)为带正电极化子的能级结构,中间的两条局域能级为极化子能级,图中(从左到右)——PEDOT 链上带一个极化子,PEDOT 链(链内或链间)大量的极化子形成极化子带。原来的禁带中出现了两条极化子能级,相当于把禁带变窄了,从而使载流子易于跃迁。极化子能级是单占据的,并且是带电荷的,因此不同于孤子,极化子不仅带有电荷,而且还带有自旋。极化子的存在可以通过实验来检验,对于 P 型掺杂的 PEDOT 中的极化子,能隙中存在两个孤立的能级。空穴在这两条能级之间跃迁会产生吸收光谱,具体见本书的第 3 章部分。

如果带有相同电荷的孤子和反孤对束缚在一起形成双极化子态,双极化子是带有两个单位电荷的元激发。图 1-14(c)为带两个正电荷的双极化子的能级结构,图中(从左到右)——PEDOT 链上带一个双极化子,PEDOT 链(链内或链间)有大量的双极化子形成双极子带。从图中可以看到,双极化子带有电荷 2e,但没有自旋。实验表明,通过掺杂可使共轭聚合物的电导率提高若干数量级,接近金属电导率。

大多数导电高分子以 P 型掺杂为主,并且氧化态比还原态更稳定。下面以 PEDOT 的 P 型掺杂为例解释导电高分子的导电机制。如图 1-14 所示,PEDOT 主链可以通过氧化移去一到两个电子,形成自由移动的空穴,PEDOT 的导带和价带之间会因此出现两个基态非简并的能带,此时 PEDOT 的载流子为极化子(带一个单位的电荷且有自旋的离子自由基)和双极化子(带两个单位的电荷没有自旋)。

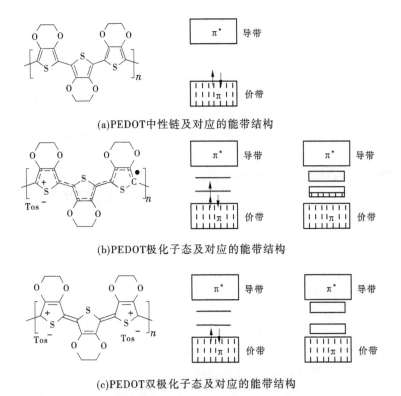

(a)PEDOT中性链及对应的能带结构

(b)PEDOT极化子态及对应的能带结构

(c)PEDOT双极化子态及对应的能带结构

图 1-14　PEDOT 的不同激发态示意图

1.5　研究思路及主要内容

目前,热电功能材料是能实现能源回收且避免环境污染的新型技术的概念已达成共识,并越来越受人们的关注。生产生活中大多数余热温度都在 $100 \sim 200$ ℃,且半导体制冷也主要应用于室温附近,因此相较于高温热电材料而言,室温附近的热电材料更具有商业推广的价值。Bi_2Te_3 及其合金材料是目前室温下具有较好热电性能的材料。但是由于其原材料及加工设备具有价格昂贵,存在重金属污染及加工工艺复杂等缺点而影响了其大规模的应用。基于这些考虑及之前的研究分析,本书选择 PEDOT

作为热电材料的研究对象,采用简单有效且价格低廉的工艺——气相法聚合 PEDOT 薄膜,并通过后处理及复合的方法达到提高 ZT 值的目的。

VPP 法制得的 PEDOT 薄膜结晶性好、共轭程度高及结构缺陷较少,其室温下的电导率高达 $\times 10^3$ S/cm,完全满足热电材料电输运的特点,加之聚合物固有的低热导率,有望成为室温附近优良的热电材料。但用 VPP 法制备的 PEDOT 薄膜的热电性能几乎没有报道。基于此,本书围绕利用 VPP 法制备 PEDOT 薄膜,为了进一步提高 VPP 法制备的 PEDOT 薄膜的热电性能,通过对 VPP 法制备的薄膜与碳纳米材料进行复合及进行后处理(掺杂、去掺杂)等方面展开研究工作,分别通过提高电导率、Seebeck 系数及两者同时提高的途径使 PEDOT 薄膜的热电性能得到大幅度的提升。基于此,通过分析研究,找出主要的影响因素,获得基本规律,为制备性能优良的热电器件打下基础。具体内容如下:

(1)利用 VPP 法制备 PEDOT 薄膜,对其工艺参数进行优化研究,如氧化剂浓度、聚合温度及时间、表面活性剂及其浓度等工艺参数对其热电性能的影响,确定最佳的工艺参数。

(2)采用 VPP 法制备了 PEDOT – Tos – PPP/SWCNT 复合薄膜的热电性能,详细研究了 SWCNT 的含量对 PEDOT – Tos – PPP/SWCNT 复合薄膜热电性能的影响,并就其中的影响机制进行探讨。

(3)为了提高 PEDOT 薄膜的电导率,采用 H_2SO_4 水溶液对 VPP 法制备的 PEDOT – Tos – PPP 薄膜进行掺杂后处理,具体研究了不同浓度下 H_2SO_4 水溶液对其热电性能的影响,探讨了 PEDOT – Tos – PPP 薄膜热电性能提高的机制。

(4)通过有机还原剂抗坏血酸(VC)后处理 VPP 法制备 PEDOT – Tos – PPP 薄膜,研究了不同浓度的 VC 水溶液对其热电性能的影响,并对 VC 水溶液后处理样品在空气中的稳定性问题进行了分析。

(5)利用酸性还原剂氢碘酸后处理 VPP 法制备的 PEDOT – Tos – PPP 薄膜,详细研究了不同浓度的酸性还原剂氢碘酸对 PEDOT – Tos – PPP 薄膜热电性能的影响。

(6)为了提高 PEDOT 薄膜的 Seebeck 系数,利用 $NaBH_4$/DMSO 混合液对 VPP 法制备的 PEDOT – Tos – PPP 薄膜进行去掺杂后处理,研究了不同浓度的 $NaBH_4$/DMSO 混合液对 PEDOT – Tos – PPP 薄膜热电性能的影响。

第 2 章 材料的制备与表征测试

2.1 材料的制备

2.1.1 实验相关化学试剂

实验中用到的化学试剂具体信息如表 2-1 所示,除经特殊声明外,所有药品和试剂均直接使用。

表 2-1 实验相关化学试剂信息

化学试剂名称	分子式	纯度	产地
EDOT 单体	$C_6H_6O_2S$	99.9%	盐城博鸿电子化学有限公司
对甲苯磺酸铁	$Fe(Tos)_3 \cdot 6H_2O$	99%	Sigma – Aldrich Chemical. Co.
聚乙二醇 – 聚丙二醇 – 聚乙二醇	$(C_2H_4O)_n -$ $(C_3H_8O)_m -$ $(C_2H_4O)_n$	$M_w =$ 5 800 Da.	Sigma – Aldrich Chemical. Co.
吡啶	C_5H_5N	99.5%	国药集团化学试剂有限公司
正丁醇	$CH_3(CH_2)_3OH$	99.5%	国药集团化学试剂有限公司
无水乙醇	C_2H_5OH	分析纯度	国药集团化学试剂有限公司
去离子水	H_2O		

2.1.2 仪器

2.1.2.1 匀胶机

本实验中使用的旋涂仪为上海凯美特功能陶瓷技术有限公司生产的 KW – 4A 型台式匀胶机。该设备可设置两档转速,Ⅰ 档转速:500 ~

2 500 r/min,持续时间:2~18 s;Ⅱ档转速:800~8 000 r/min,持续时间 3~60 s。转速稳定度:±1%。

根据实验要求配制好氧化剂溶液,将氧化剂溶液缓慢滴加在静止基片上,至过量,启动匀胶机,旋涂成膜。薄膜的厚度主要由氧化剂溶液的性质(如溶剂、浓度、黏度等)和旋转参量(如转速,时间等)决定。

2.1.2.2 实验涉及到的其他仪器

实验相关仪器信息见表2-2。

表2-2 实验相关仪器信息

设备名称	生产厂家
电子天平	美国丹佛仪器公司
Corning PC－400D 陶瓷电热板	美国康宁公司
08－2型恒温磁力搅拌器	上海梅颖浦仪器仪表制造有限公司
电热恒温鼓风干燥箱	上海新苗医疗器械制造有限公司
真空干燥箱	上海精宏实验设备有限公司
超声波清洗器	中国船舶重工集团公司第702研究所

2.1.3 实验工艺

本书利用气相聚合法(vapor phase polymerization,VPP)制备 PEDOT 及复合薄膜。具体是指在 EDOT 气相条件下,通过化学氧化聚合法形成 PEDOT 及复合薄膜。其依据是:(1)PEDOT 在发生聚合反应时氧化电位较低,且易于成膜;(2)EDOT 单体在常温下具有较强的挥发性,易于在密闭容器中形成单体分子气氛。

实验首先利用 VPP 法制备 PEDOT 及复合薄膜,通过优化各个工艺参数(如氧化剂浓度、聚合温度及时间等)得到高电导率的 PEDOT

及复合薄膜,随后通过后处理的方法(掺杂或去掺杂)进一步提高PEDOT薄膜的热电性能。实验涉及到的主要工艺流程及测试方法如图2-1所示。

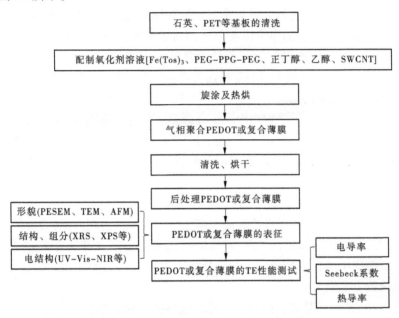

图2-1 本书涉及的主要工艺流程和测试方法

图2-1详细给出了利用VPP法制备PEDOT及复合薄膜的工艺流程,具体过程说明如下:

(1)基片的预处理。本书利用VPP法制备PEDOT薄膜,所选用的基板可以为硬质的石英玻璃,也可选用柔性的聚酯(PET)膜。基片表面的污染会降低PEDOT薄膜的性能,因此在使用前需对基片表面进行必要的清洁处理,分别用洗涤剂丙酮、乙醇和去离子水超声清洗20 min以除去基片表面的有机物质和灰尘,干燥后直接使用。

(2)氧化剂溶液的制备。实验中选择Fe(Tos)$_3$为氧化剂,三嵌段共聚物PEG-PPG-PEG(PPP)为表面活性剂,正丁醇和无水乙醇为溶剂。根据具体的实验方案设计配方,将称量好的氧化剂、表面活性剂、第二相纳米结构加入溶剂中超声搅拌30 min左右。

（3）氧化剂薄膜的制备。本实验采用旋转涂覆（匀胶）的方法将配置好的氧化剂溶液均匀涂覆在清洗好的基板上。匀胶过程分为两步，首先将过量的氧化剂溶液滴定在基板表面；然后进行甩胶，氧化剂溶液受到离心力的作用径向外流，将多余的氧化剂甩出，形成均匀的氧化剂薄膜。氧化剂薄膜的厚度由前驱体溶液的浓度、旋转时间和旋转速度决定。在实验中采用的匀胶条件为 $2\,000 \sim 3\,000$ r/min，匀胶时间为 40 s。随后将涂有氧化剂的基板放置在 $60\ ^{\circ}\mathrm{C}$ 的热板上进行处理，大约 1 min 使大部分溶剂挥发，形成液晶相软模板的氧化剂薄膜。

（4）气相室聚合 PEDOT 及复合薄膜。将涂有氧化剂薄膜的基板转移至充满 EDOT 单体的气相室中进行氧化聚合。氧化剂及表面活性剂的浓度、气相室的温度、聚合时间等对 PEDOT 薄膜的热电性能有直接的影响。

（5）清洗、烘干。从气相室中将聚合完成的 PEDOT 及复合薄膜取出冷却至室温；浸入无水乙醇或去离子水中将反应的副产物、残留的氧化剂及 EDOT 单体进行清洗，取出后用吹风机吹干，如此反复 $2 \sim 3$ 次，直至清洗干净；将清洗好 PEDOT 及复合薄膜放入 $70\ ^{\circ}\mathrm{C}$ 的真空干燥箱或热板上干燥 1 h。

（6）薄膜后处理。薄膜的后处理包括掺杂和去掺杂的氧化还原过程，通过改变聚合物的分子链排列、氧化还原状态（掺杂程度）和结晶状况等方式调节其热电性能。具体实验方法如下：将 VPP 法制备的 PEDOT 及复合薄膜，浸泡在盛有化学试剂（如 H_2SO_4、$NaBH_4$、HI 酸、抗坏血酸等）的密闭样品瓶中，放置于温度可控的热板上进行处理，使其发生氧化还原掺杂；处理完成后用镊子将样品取出，冷却至室温，分别放入去离子水和无水乙醇中交替浸泡清洗，除去其中残余的化学试剂；将样品放入 $60\ ^{\circ}\mathrm{C}$ 的真空烘箱中进行干燥处理，用于表征和测试。

需要注意的是，由于 EDOT 单体有毒，且含有芳香环，进入人体后很难被排出，因此整个实验过程需在通风系统较好的通风橱中进行。

2.2　样品的性能测试和表征

2.2.1　热电性能测试

由于薄膜厚度方向很难造成温差,构建薄膜器件时也是利用面内方向造成温差,因此一般都是研究薄膜面内的热电性能。我们将测试随温度变化(液氮 − 400 K)薄膜面内的电导率、Seebeck 系数和热导率。

2.2.1.1　电导率

用 Hall 效应测试仪(Ecopia HMS5000,四探针法)测试薄膜面内(in-plane)在室温下电导率。

Hall 效应(见图 2-2)是指在固体导体上外加与电流方向垂直的磁场,会使导体中不同的载流子(电子与空穴)受到不同方向的洛伦兹力,从而在不同的方向聚集,这些聚集起来的电子与空穴会产生电动势,所产生的电动势即 Hall 电动势。通过 Hall 效应试验测定的 Hall 系数,能够判断半导体材料的导电类型、载流子浓度及载流子迁移率等重要参数。

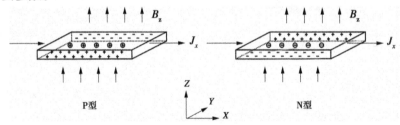

图 2-2　Hall 效应原理示意图

如图 2-2 所示,设试样沿 x 方向的电流密度为 J_x,沿 Z 轴方向有一磁场 B_z,则在垂直于电场和磁场的方向(y 或 $-y$ 方向)将产生一个横向电场 E_y,该电场与 J_x 和 B_z 成正比,即

$$E_y = R_\mathrm{H} J_x B_z \tag{2-1}$$

式中,比例系数 R_H 为 Hall 系数。对于 P 型和 N 型半导体材料有以下关系:

$$R_H = \frac{1}{pq} \qquad (2\text{-}2)$$

$$R_H = -\frac{1}{nq} \qquad (2\text{-}3)$$

式中,p、n 分别为空穴及自由电子的浓度;q 为电子电量。

P 型和 N 型半导体的 Hall 电场方向相反,故 Hall 系数的符号是相反的。

2.2.1.2 Seebeck 系数

采用自制的热电性能测试仪测试 PEDOT 薄膜面内的 Seebeck 系数,通过测试薄膜两端不同温差时的温差电动势,求它们之间线性关系的斜率,再扣除导线的 Seebeck 系数,最后得到 PEDOT 薄膜的 Seebeck 系数。

2.2.1.3 热导率

薄膜面内的热导率测试是一个挑战性的课题,尤其是膜的厚度在 100 nm 以内的。目前,我们是通过瞬态热线法测试薄膜热导率。为使获得的数据更可靠,可以用同样的旋涂工艺多旋涂几次,以得到足够厚的薄膜用于热导率测试。

2.2.2 材料的表征

2.2.2.1 台阶仪

本书采用由美国 VEECO 公司生产的 Dektak 150 台阶仪测试薄膜的厚度。在测试之前首先通过掩膜法在样品上做好台阶,然后进行测试。利用台阶仪测试薄膜厚度的原理是通过台阶仪上的探针扫描样品的表面,触摸到样品高低不平的台阶形貌,然后把这个信号放大、输出,测得的台阶高度即为样品的厚度。

2.2.2.2 场发射扫描电镜(FESEM)测试分析

本书采用 VPP 法制备的 PEDOT 薄膜样品表面和断面的形貌及显微结构,是采用荷兰 Philips 公司生产的 XL30FEG 型 FESEM 进行表征的。工作电压 10 kV,高真空环境。为得到清晰的 SEM 照片,部分样品在测试时蒸镀了约 10 nm 厚的金纳米层。

2.2.2.3　原子力显微镜(AFM)测试分析

本书主要采用 AFM 显微技术对样品表面进行微区分析,观察 VPP 法制备的 PEDOT 薄膜表面形貌及粗糙度。测试仪器是由日本精工公司生产的型号为 SPA – 300HV 型扫描探针显微镜,采用轻敲模式,在室温下对 PEDOT 薄膜进行观察。

2.2.2.4　透射电镜分析(TEM)

采用 Hitachi H – 800 型透射电镜(TEM)观测样品的形貌、尺寸及结构等相关特征;其制备过程是将刚制备好的薄膜,在没烘干之前从基板上剥离下来分散到无水乙醇中,超声 10 min,随后取分散液滴定于涂有碳膜的铜网上进行测试。

2.2.2.5　X 射线衍射分析(XRD)

采用 D8 Advance 型 X 衍射仪(XRD)进行薄膜结晶性能分析。测试条件为:Cu 靶,K_α 为辐射源,测试波长为 0.154 18 nm,管电压 40 kV,管电流 50 mA,扫描速度 5°/min。

2.2.2.6　紫外可见近红外光谱分析(UV – Vis – NIR)

UV – Vis – NIR 光谱分析是研究有机材料尤其是具有共轭结构的导电高分子的光学性质及分子结构的一种重要的仪器分析手段。它利用一定频率的光波(UV – Vis – NIR)照射被分析的物质,引起分子中价电子的跃迁,光波将有选择地被吸收,由此产生的吸收光谱来反映试样的特征,而每一条吸收谱线对应的能量大小是材料的能级间隔大小。本书采用的测试仪器是由日本 JASCO 公司生产的 V – 570 型 UV – Vis – NIR 分光光度仪测试。

UV – Vis – NIR 光谱定性地比较分析随掺杂程度和/或第 2 相纳米结构的变化复合膜中 PEDOT 分子结构和电结构的变化。

对于本征 PEDOT 出现一个吸收峰,对应于 HOMO、LUMO 之间的吸收。对于还原掺杂的 PEDOT,出现两个吸收峰,分别对应于极化能级与 HOMO(最高占据分子轨道)、LUMO(最低未占分子轨道)之间吸收。对于氧化掺杂的 PEDOT 出现两个吸收峰,一条对应于极化能级与

HOMO 或 LUMO 之间吸收,另一条对应于 HOMO、LUMO 之间的吸收。

2.2.2.7 电子自旋共振谱分析(ESR)

本书采用 ESR 测试 PEDOT 薄膜中载流子的性质及浓度,测试仪器是由日本 Tokyo 公司生产的 JES – FA200 型的 ESR 光谱仪。

2.2.2.8 激光拉曼光谱分析(Raman)

Raman 光谱是物质结构的指纹光谱,振动频率可以给出结构的细微变化,和红外光谱一样都属于分子振动光谱,是研究分子结构的有力手段。红外光谱测定的是样品的透射光谱,拉曼光谱测定的是样品的发射光谱。通常在拉曼光谱中出现的强谱带在红外光谱中却成为弱谱带甚至不出现,反之亦然。所以,这两种光谱技术常互为补充。当单色激光照射在样品上时,分子的极化率发生变化,会产生拉曼散射,检测器检测到的是拉曼散射光,峰强与分析物浓度有线性比例关系,峰位与激发波波长无关。拉曼位移是激光波数和拉曼散射光波数的差值。

本书采用法国 Jobin Yvon 公司生产的 LABRAM HR800 型激光共焦显微拉曼光谱仪测试,激光波长 514.5 nm。

2.2.2.9 X 射线光电子能谱分析(XPS)

XPS 在材料的表面研究中得到广泛应用。它可以获得表面几个原子层厚度的化学信息,从而表征所测元素的种类及结合状态。

X 射线光电子谱是重要的表面分析技术之一。它不仅能探测表面的化学组成,而且可以确定各元素的化学状态,因此在化学、材料科学及表面科学中得以广泛地应用。其基本原理是用 X 射线照射样品,使样品中原子或分子的内层电子或价电子受激发射出来,然后测量这些电子的能量分布。以光电子束缚能为横坐标,相对光电子流强度为纵坐标,可做出光电子能谱图,从而获得样品有关信息。测试结果得到的谱峰直接代表原子轨道的结合能,通过与已知元素的原子或离子的不同壳层的电子的能量相比较,就可确定未知样品表层中原子或离子的组成和状态。

同种原子由于所处不同的化学环境,引起内壳层电子结合能的变化,在谱图上表现为谱线的位移,这种现象称为化学位移。所谓某原子所处化学环境不同,一是指与它结合的元素种类和数量不同,二是指原子具有不同的价态。原子内层电子的结合能随原子氧化态的增高而增大;氧化态越高,化学位移也越大。

　　本书主要利用 XPS 对 VPP 法制备的 PEDOT 薄膜进行表面元素分析,并根据谱图峰位的移动来分析元素周围电子云密度的变化情况。所用的 XPS 分析仪是由美国热电公司生产,型号为 ESCALAB 250Xi。测试条件为:单色 Al K_α 靶,高压 14.0 kV,功率 250 W,真空优于 4.33×10^{-10} mbar。原始谱图分峰拟合工作采用 XPS peak 4.1 软件进行。谱图分析中选用 C_{1s}(284.6 eV)为标准基准峰位。

第 3 章　草酸、柠檬酸溶液后处理对 PEDOT 薄膜电性能的影响

3.1　引　言

随着世界人口的快速增长,以及全球工业化进程突飞猛进的发展,人类对能源、能量的需求越来越多。因此,能源消耗越来越严重,传统化石燃料的消耗也随之变多,然而化石燃料的燃烧势必会引起环境问题,如目前世界最为关注的气候变暖、温室效应、酸雨等问题,这些环境问题对全世界环境、人类的健康、人类的生存以及整个全球经济的进展都产生了极其严重的影响。另外,传统化石燃料为不可再生能源,随着人类对其需求的增长,消耗也是越来越严重,因此能源危机便成为全球面临的又一大难题。由于环境污染严重及能源危机问题的日益突出,世界各国都纷纷投入到新能源即环境友好型能源的研究开发中。所以,近年来迫使更多的科学家致力于对新能源材料(环境友好型材料)的开发研究及其应用领域的研究。因此,热电材料成为一种环境友好型材料受到了人们的重视。热电材料是依靠材料物质内部载流子的迁移,从而达到电能与热能之间的直接相互转换的功能型材料。利用热电材料制作的制冷或发电装置,结构紧凑、性能可靠、运行时无噪声、无移动部件、使用寿命长,是用途十分广泛的清洁转换型材料。热电材料的特性是用热优值来评价,其计算公式为 $ZT = S^2/\rho\kappa$。这类材料相对好的必须要有相对较大的塞贝克系数(S)、相对较低的热导率(κ)、较高的电导率即较低的电阻率(ρ)。

热电材料作为一种新型材料具有质轻体小,坚固,运行过程中无噪声,温度可控制在 $-0.1 \sim 0.1\ ^\circ\text{C}$。不需要使用氯氟碳类物质(因为此类物质被认为会破坏臭氧层),避免造成任何环境污染的问题;同时要

具有可以进行热源回收并将其转变为电能(回收利用节约能源),寿命长,便于控制等优点。目前人们对于无机热电材料的研究,重点仍然以无机半导体的研究为主,主要研究邻域包括:Bi_2Te_3、$PbTe$、$SiGe$ 等传统合金块体材料,$Na_2Co_2O_4$、$Ca_3Co_4O_9$ 等金属氧化物材料,$CoSb_3$ 等填充的方钴矿材料及其他块体新材料如 Half - Heusler 化合物、笼式化合物、SnSe 等。然而传统无机热电材料固然拥有相对较高的热电性能,但是因为其具有原材料资源不足、成本较高、存在重金属污染、加工工艺复杂以及难以实现器件化等缺点,严重影响了其大规模的应用。

迄今为止,有机热电材料如聚吡咯、聚苯胺、聚噻吩、聚乙炔等的热电性能的研究受到了人们的广泛重视。有机热电材料如聚 3,4 - 乙撑二氧噻吩(PEDOT)拥有资源丰富、质轻、价廉、容易合成与加工成型、较低的热电导以及良好的稳定性等许多优点,因此近年来,其作为一类新型的热电材料备受关注。作为聚合物材料的一分子,其具有十分小的尺寸、十分强大的隐藏功能,其导电能力也可以从绝缘到趋近于金属的范围内进行调节控制,而且经过处理后还可以增加它很多的物理特性。但是作为热电材料的一分子,目前对其的研究工作不多。最先对此类材料进行讨论分析的是 Osterholm 等合成了掺有 $FeCl_4$ 的聚噻吩材料,结果表明,Seebeck 系数会随着导电性的升高而快速地降低,在导电性为 10^{-5} S/cm 的情况下,其 Seebeck 系数为 614 μV/K;但是当导电性达到 10.1 S/cm 时,Seebeck 系数仅为 1×10.5 μV/K。Shinohara 等制备了一些被 3 位烷基取代的聚噻吩,实验数据得出当导电性提高时,Seebeck 系数却减小;但是若导电性小于以 1×10^{-2} S/cm,结果是 Seebeck 系数超过 1 000 μV/K。因为一般侧链变小,导电性提高,Seebeck 系数减小。徐景坤和 Chang 等研究了聚(3,4 - 乙撑二氧噻吩)和聚(4 - 磺化苯乙烯)复合物薄膜的热电特性,这样的复合物薄膜拥有良好的导电特性,相对高的 Seebeck 系数,Chang 等的结果表明最高能量因子为 4.78×10^{-5} W/(m·K^2)。他们研究后的结果是,当温度为 270 K 时,这种复合物薄膜的热优值可以高达 1.75×10^{-3}。Hiraishi 等研究了经过采用电化学反应的方法合成的聚噻吩材料,并且对它的热电性能进行了数据分析。结果显示与化学合成的聚噻吩相接近,采用电化学聚合方法获得的聚噻吩 Seebeck 系数随着导电性的升高而减小。在导电性是 201 S/cm 的情况下,其能量因子可高达 1.03×10^{-5} W/m²。如果以热导率为 0.1 W/(m·K)来计算,那么该热电材料的 ZT 值为 1.03×10^{-4},大约为 Bi_2Te_3 的 1/30 倍。刘聪聪等采用二次掺杂和与无机微纳米材料复合的方法得到了 PEDOT:PSS 薄膜及其复合材料,以表面平滑且具有高接触角的聚丙烯薄膜为衬底,合成了经过二甲基亚砜(乙二醇)二次处理后的具有低的电阻率的 PEDOT:PSS 薄膜,其电导率最大可达到 300 S/cm。二甲基亚砜(乙二醇)的掺入,使得 PEDOT:PSS 薄膜中载流子迁移率的增加,从而电导率也变大了。张鲁宁等采用 VPP 法得到了 PEDOT 与纳米银复合材料,并对复合薄膜的导电特性及电化学特性展开了讨论研究。研究显示,当 PEDOT/纳米银复合薄膜的电导率为 54.8 S/cm 时,将超过纯 PEDOT 薄膜的电导率(17.3 S/cm)。电化学特性研究表明,加入纳米银,使得 PEDOT/纳米银复合纳米材料具有良好的电化学性。同时通过 VPP 法制备的 PEDOT 为疏松状,而且具有相对大的比表面积,此类形貌特征对增加 PEDOT 及复合材料的电化学性能和气敏特性提供了很大的帮助。王明晖等采用共混—旋涂法获得了掺入丙三醇、山梨醇、二甲基亚砜的 PEDOT:PSS 导电膜。实验结果得出:不同掺杂剂的掺入都没有改变 PEDOT:PSS 薄膜的堆积态结构,但是薄膜的的形貌特征却发生了显著地变化;经处理后的薄膜的电导率、透光率都发生了很大的变化,即提高了许多,然后通过退火处理,随着退火温度的持续加强,电导率则越来越大。在掺杂浓度相同的情况下,通过山梨醇掺杂过的 PEDOT:PSS 薄膜的透光率及电导率提高的最多。分析讨论表明:PEDOT:PSS 的电学性能也取决于薄膜的形貌结构特征和处理的退火温度。而丙三醇和二甲基亚砜的掺入导致 PEDOT 和 PSS 分离的加速。山梨醇的掺入使 PEDOT 的主链结构发生了变化,同时由于此类物质具有增塑效应,致使 PEDOT 及 PSS 的各个微粒快速增大,从而导致了电荷的传输通道变宽,这样导致微粒相互之间的电荷传输通道的增强,最终提高了电导率。

3.2　实验过程

3.2.1　原材料

实验中所用到的有关试剂及其纯度和来源见本书第 2 章 2.1.1 部分中表 2-1。

3.2.2　主要设备及仪器

实验中所用到的主要设备见本书第 2 章 2.1.2 部分。

3.2.3　样品的制备

目前 PEDOT 薄膜或复合物薄膜的获得方法有多种,如旋涂法、化学气相聚合法(VPP)、LB 膜法等方法。本文中使用的 PEDOT 样品是采用 VPP 法制备的。

VPP 法是指所需材料的单体在常态和气体状态下发生聚合反应,生成目标材料的一种制备方法。此法可被用来制备导电聚合物 PEDOT 薄膜,主要依据为:在常温下 PEDOT 的单体 EDOT 具有相对较强的挥发性,这样使其容易在密闭的容器中形成 EDOT 气氛。气相情况下的 EDOT 单体在氧化剂的参与下发生氧化聚合反应,经聚合后便可得到 PEDOT 薄膜。因此,在进行氧化聚合反应时应选择合适的氧化剂,如甲基苯磺酸铁、氯化铁等都可以作为氧化剂。

本实验选择 VPP 法是因为此法简单且易于操作,便于得到 PEDOT 薄膜。与此同时,选用 VPP 法制备 PEDOT 薄膜的表面特征为疏松状且比表面积相对较大,此种形貌特点有易于提升 PEDOT 薄膜及其复合物的气敏特性和电化学特性。与常规的制备合成方法相比,VPP 法能够提升 PEDOT 薄膜的导电特性。在 VPP 法制备合成的薄膜过程中,影响薄膜性能的原因包括:气相反应时间、实验温度及氧化剂的选择等。主要表现为随着聚合时间的增长,薄膜的电导率先增大,聚合到一定时间之后,电导率则逐渐趋向于缓慢变化。薄膜的性能在一定程度上也取决于氧化剂的选取。因此,在制备 PEDOT 薄膜时不仅要控制好聚合反应的聚合时间,而且要选取合适的氧化剂,以期制备出性能良好的 PEDOT 薄膜。其具体的主要步骤为:第一步,准备合适的氧化剂并制备成薄膜形式。第二步,采用密闭的容器并向其内充满 EDOT 单体气氛。EDOT 具有挥发性在常温下可以形成 EDOT 气氛。第三步:将第一步制好的薄膜放于 EDOT 单体气氛中,使其反应一定的时间后便可以得到目标物即 PEDOT 薄膜。第四步,将刚制备好的薄膜进行清洁、烘干处理后便可获得实验所需的薄膜。

首先,制备不同质量分数的柠檬酸溶液。所需实验试剂:去离子水和柠檬酸颗粒,本实验中使用的柠檬酸溶液质量分数分别为 3%、5%、7% 和 11%,配制的柠檬酸溶液所用的去离子水量为 10 mL;然后根据所需的质量分数计算出需要的柠檬酸颗粒的质量,根据计算得出的结果,用电子天平称量出柠檬酸颗粒的量,将其倒入事先准备好的去离子水中,混合并用磁力搅拌器搅拌均匀;最后制备出实验过程中所需的四组不同质量分数的柠檬酸溶液。

制备好柠檬酸溶液后对 PEDOT 薄膜进行后处理。实验时需用到 PEDOT 薄膜样品 10 块。把已经制备好的 PEDOT 薄膜放置在台面温度为 80 ℃(自己设定)的温度台上,然后将制备好的柠檬酸溶液滴在 PEDOT 薄膜上,每次处理只需将其表面全覆盖即可。处理方式分为两种:一种为每块样品被同一质量分数的溶液处理 2 次,共 4 组;一种为每块样品被同一质量分数的溶液处理 3 次,共 4 组。样品处理后,用镊子夹住放入去离子水中清洗,待样品表面无残余物时,用镊子取出,做烘干处理,这样便于得到处理后的样品。实验处理时会留有未处理的样品,以便更好地分析实验结果,得出结论。处理结束后,对处理后的样品进行拉曼检测、紫外可见近红外检测及霍尔效应的测试,然后对检测数据进行整理和分析。

3.3 实验数据分析讨论

3.3.1 不同质量分数的柠檬酸溶液对 PEDOT 薄膜处理后的数据分析

图 3-1 是未处理和经过质量分数为 11% 柠檬酸处理后的 PEDOT 薄膜的 Raman 光谱。依据文献报道,最强的特征峰 1 434 cm^{-1} 是 PEDOT 结构中 $C_\alpha = C_\beta(-O)$ 的对称伸缩振动峰,其右侧 1 507 cm^{-1} 为 $C_\alpha = C_\beta$ 的反对称伸缩振动;左侧的 1 365 cm^{-1} 及 1 265 cm^{-1} 分别为 $C_\beta - C_\beta$ 的对称伸缩振动和环内 $C_\alpha - C_\alpha$ 的伸缩振动;990 cm^{-1} 对应氧乙烯环的变形振动。从图中可以看到,经过 11% 的柠檬酸水溶液处理后,PEDOT 结构中的 $C_\alpha = C_\beta$ 反对称伸缩振动特征峰从 1 507 cm^{-1} 偏移至 1 515 cm^{-1},且峰宽变窄,原因是三嵌段共聚物 PEG – PPG – PEG 在 1 510 cm^{-1} 左右存在拉曼特征峰,由此表明经过柠檬酸处理后三嵌段共聚物 PEG – PPG – PEG 被去除。

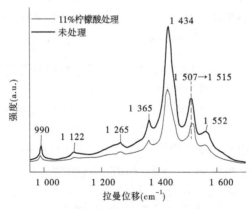

图 3-1 VPP 法制备的 PEDOT 薄膜经柠檬酸处理前后的拉曼光谱图

图 3-2 为 VPP 法制备的 PEDOT 薄膜经不同质量分数的柠檬酸水溶液处理前后电导率变化。从图中可以到,随着后处理溶液柠檬酸溶

液浓度的增加,PEDOT 薄膜的电导率也逐渐增加。由 Raman 光谱的分析结果得到,经过柠檬酸水溶液处理后 PEDOT 薄膜中的绝缘物质 PEG – PPG – PEG 被去除。因此,导致 PEDOT 薄膜的电导率增加。

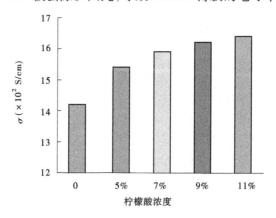

图 3-2　VPP **法制备的** PEDOT **薄膜**
经柠檬酸处理前后电导率变化

3.3.2　不同质量分数的葡萄糖溶液对 PEDOT 薄膜处理后的数据分析

图 3-3 为 VPP 法制备的 PEDOT 薄膜经葡萄糖溶液处理前后的拉曼光谱图,左上角插图为图中矩形区域放大后的拉曼光谱图。从图中可以看到,经过葡萄糖溶液处理后 PEDOT 结构中最强的特征峰 1 434 cm^{-1},且峰变宽并发生了红移,峰位的偏移在一些文献中也有报道。有文献认为 PEDOT 链结构中 $C_\alpha = C_\beta(-O)$ 对称伸缩振动峰(1 434 cm^{-1}附近)包括两部分,一个是 PEDOT 中性结构(对称中心在 1 413.5 cm^{-1}),另一个是氧化掺杂态 PEDOT$^+$ 结构(对称中心在 1 444.5 cm^{-1})。若是 PEDOT 氧化掺杂程度改变,则 $C_\alpha = C_\beta(-O)$ 的对称伸缩振动峰峰位发生变化。当 PEDOT 掺杂水平降低,峰位向低波数偏移即发生红移,反之则向高波数偏移即发生蓝移。在本实验中,从图 3-3 中左上角插图中可以看到,经过葡萄糖溶液处理后 $C_\alpha = C_\beta(-O)$ 的对称伸缩振动峰向低波数偏移即红移,表明经过葡萄糖溶液处理后 PEDOT

薄膜的掺杂程度减少。

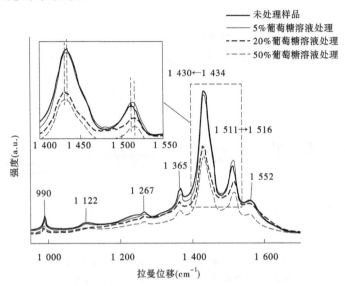

图 3-3　VPP 法制备的 PEDOT 薄膜经葡萄糖处理前后的拉曼光谱图

图 3-4 为 VPP 法制备的 PEDOT 薄膜经不同质量分数的葡萄糖溶液处理前后的 UV – Vis – NIR 吸收光谱图。从图中可以看出,在紫外区域(200~300 nm)处,与未处理的样品相比,吸收强度几乎无变化;在可见光区,经质量分数为 20% 和质量分数为 50% 的葡萄糖溶液处理后的吸收强度加强,葡萄糖的质量分数越大,吸收强度增强程度也越大,在 600 nm 时吸收强度则达到最大,而经质量分数为 5% 处理的吸收强度几乎无变化。在 600~910 nm 区域,经质量分数为 20% 和 50% 的葡萄糖溶液处理后的吸收强度开始降低,而经质量分数为 5% 处理的吸收强度几乎无变化。在 910~1 250 nm 区域,经葡萄糖处理的吸收强度大大降低,且是随着质量分数增大降低幅度越大。在 1 250 nm以后的区域,经葡萄糖处理的吸收强度增加,但是与未处理的相比,吸收强度还是低于未处理的。分析可得:经过葡萄糖处理之后,PEDOT薄膜链结构中的载流子类型发生变化,由双极化子逐渐转化为极化子及中性极子,因此导致经过葡萄糖溶液处理后的 PEDOT 薄膜氧化掺杂

程度降低。这和前面 Raman 光谱分析结果得出的结论一致。

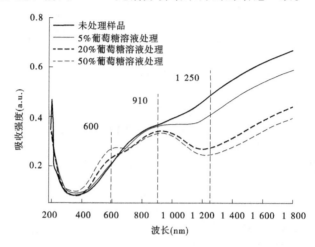

图 3-4　VPP 法制备的 PEDOT 薄膜经不同质量分数的
葡萄糖溶液处理前后的 UV－Vis－NIR 吸收光谱图

　　图 3-5 为 VPP 法制备的 PEDOT 薄膜经不同质量分数的葡萄糖溶液处理前后电导率变化。从图中可以得到,PEDOT 薄膜经葡萄糖处理

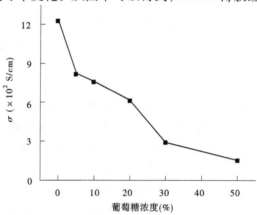

图 3-5　VPP 法制备的 PEDOT 薄膜及经过不同质量
分数的葡萄糖溶液处理前后电导率的变化

后其电导率降低,且随着葡萄糖溶液浓度的增加其电导率降低的幅度越大。由 Raman 及 UV – Vis – NIR 吸收光谱的分析结果得到,经过葡萄糖溶液处理后 PEDOT 薄膜电导率降低是由其氧化掺杂程度降低引起的。

3.4　本章小结

化学气相聚合法制备的 PEDOT 薄膜用不同质量分数的柠檬酸水溶液处理后,结果表明,随着柠檬酸水溶液浓度的增加,PEDOT 薄膜的电导率逐渐增大。通过拉曼光谱分析表明,经过柠檬酸处理后 PEDOT 薄膜中的绝缘物质三嵌段共聚物 PEG – PPG – PEG 被去除,导致 PEDOT 的电导率增大。由于热电材料的转换效率是由材料的热优值 ZT 值决定的,由 ZT 值的公式可得到,提高材料的电导率有利于 ZT 值的提高。而此次实验得出处理后电导率变大,因此可得的结论为:经柠檬酸处理的 PEDOT 薄膜的热电性能可能会有所提高。

化学气相聚合法制备的 PEDOT 薄膜用不同质量分数的葡萄糖溶液进行后处理。结果表明,随着葡萄糖水溶液浓度的提高,PEDOT 薄膜的电导率逐渐降低。通过拉曼及紫外可见近红外光谱的测试结果表明,经过葡萄糖处理后,PEDOT 薄膜链结构中的载流子类型发生改变由双极化子转变为极化子或中性极子,导致 PEDOT 薄膜的氧化掺杂程度降低,从而导致其电导率降低。

第4章 VPP 法制备 PEDOT/SWCNT 纳米复合薄膜及其 TE 性能

4.1 引　言

众所周知,随着全球科技的发展,人们的生活水平逐渐提高,但同时它的弊端也突显出来,如自然资源的过度开采,生活垃圾的排放等都带来了很大的影响,能源问题也逐渐成为重中之重。科技水平的提高,意味着需要消耗更多的能源,而随之而来的一系列弊端也逐渐显现出来,如全球变暖、臭氧层被破坏、森林的严重砍伐、水资源污染等。诸如此类的问题不仅危及人类和其他生物的健康,更对全球的生态系统以及世界经济造成严重的影响,如若任其恶化下去,甚至会威胁到全人类的生存。此外,化石能源的不可再生性,使解决能源缺乏问题成为当今的焦点。以上问题不仅对人们的日常生活造成了各种不便,它更关系到一个国家的长治久安与稳定,因此绿色低碳发展成为当代世界经济发展的主旋律,寻找一种新型能源也即环保能源成为当务之急,所以越来越多的研究人员开始致力于对新型能源的开发及其应用前景的研究。热电材料作为环保型材料,因其独特的性能及良好的发展前景逐渐崭露头角。由热电材料制成的热电发电机及热电制冷器具有尺寸小、重量轻、工作无噪声且有较长的使用寿命等优点,且将热电材料应用于制冷时,无须用氟氯化物当冷媒,从而避免了对臭氧层的破坏。因此,热电材料应用前景良好。此外,热电材料可利用废热通过温差进行发电,有效地节约了资源,并且此类材料制作的器件具有寿命长、易于控制等优点。同其他很多材料一样,尽管热电材料有着诸多优点,但亦有一些不足之处。如由它制作的一些器具其效率相对较低,所以如果可以在一定程度上提高热电材料的效率,那么对其推广是相当重要的。

因热电装置具有无运动部件,且部件具有坚固、安静、可靠等优点,使得常用的冷却装置不需使用含氟氯化物冷媒,而避免了对大气的污染。为了避免出现因电阻过大而产生的功率的损耗,热电材料需有较小的电阻率,此外,其还需有较小的热导率,以避免因热传导的改变而引起器件两端温差的变化。

热电材料的性能可通过其热电优值 ZT 来评估,ZT 可由公式 $ZT = S^2/\rho\kappa$ 表示,ZT 值越大,材料性能越好,由公式不难看出提高塞贝克系数(S)、降低热导率(κ)和电阻率(ρ)可改善其性能,但是这三个变量并非是独立的,即当其中一个因子变化时,其他因子也可能随之改变。所以当前的研究重点是如何控制几个变量之间的关系,使其综合结果是提高热电效率。发展至今,科学家始终是以无机热电材料为主要研究对象,其主要研究范围包括:碲化铋(Bi_2Te_3)及其合金、碲化铅($PbTe$)及其合金、硅锗合金($SiGe$)等传统合金块体材料,$SrTiO_3$ 基及 ZnO 基的氧化材料,Half - Heusler 热电材料,以及以 $CoSb_3$ 填充的方钴矿结构材料等。尽管无机热电材料的热电转化效率较高,但因其具有自然资源匮乏、价格昂贵、制备过程复杂以及加工性较差,并且使用过程会产生有毒物质等缺点,使其很难被广泛应用。

与无机热电材料相比较,有机热电材料的热电优值较低,但有机热电材料具有自然资源丰富,成本低,易于加工合成等优点,因此其具有良好的发展前景,被广泛应用于各行业。目前,聚3,4 - 乙撑二氧噻吩和聚苯乙烯磺酸被认为是最有应用前景的热电材料。尽管在有机热电材料的发展道路上,存在一些局限性,但经过历代科学家的努力,对其的应用不断有突破性的进展,且事实证明,这种材料正印证了科学的可持续发展观。因此,有机热电材料被认为是最有发展前景的材料之一。有机热电材料因其具有价廉易得且易于加工等诸多优点而备受关注,其中聚3,4 - 乙撑二氧噻吩(PEDOT)热电材料以其资源丰富,价格低廉,特殊条件下易于加工,较低的热导率及可设计性强等优点,引起了越来越多科学家的注意。随着研究工艺的日益成熟,一些传统的聚合物热电材料的新的功能也被逐渐发掘,如聚吡咯、PEDOT、聚噻吩等都被广泛应用。而 PEDOT 薄膜作为导电聚合物中的一类,以其很好的电输运性能及在进行掺杂处理时的高稳定性、掺杂工程可逆等优点而受到人们的关注。关于 PEDOT 的合成工艺及其性能的研究,国内外的报道有很多,包括其合成方法、结构、性质等。如胡玥等通过实验,发现了无取代聚噻吩及它的多种衍生物的合成方法。亢孟强等则通过研究,发现了被不同的烷基取代的聚噻吩的合成工艺。且实验结果表明,对聚噻吩类聚合物进行掺杂处理后,其电导率有所提高。王东周等简要地叙述了掺杂处理对聚噻吩类聚合物的电输运性能的影响机制。与很多聚合物一样,PEDOT 具有难溶性。如对其进行掺杂处理,与水溶性的 PSS 混合,则可获得水溶性的 PEDOT,若采用合适的工艺,可使其在特殊的基片上形成淡蓝色的透明导电膜,具有耐热、透光、绿色环保等优点。由该混合液制备的薄膜不仅电阻率低且热稳定性好(在空气中加热到 100 ℃ 1 000 h,薄膜的电导率几乎不变)。Aasmundtveit 等将 PEDOT:PSS 薄膜 200 ℃ 热处理后发现,薄膜取向增强,具有良好的各向异性。PEDOT 和 PSS 的摩尔比对电导率有直接的影响,PEDOT 含量越多,电导率越高。KimG – H 等在 2013 年用 PSS 对 PEDOT 进行掺杂,获得了目前有机热点领域最高的热电优值 0.42。研究发现通过移除聚合物中未电离的掺杂物(PSS),可以有效提高其功率因子。Bubnova 等在四(二基甲胺)乙烯气氛下还原了 PEDOT,并测得它在不同氧化程度下的电导率和 Seebeck 系数。实验结果表明,当氧化程度达到 22% 时,热电优值达到最大为 0.25。Takano 等发现有一定掺杂程度的 PEDOT 电导率和结晶率有很大联系,结晶度越好电导率越高。近年来,作为噻吩类导电聚合物的典型,即通过在其分子链中引入一些特殊的基团来改变它的结构,有了这种改变可以在一定程度上增加其噻吩环上的电子云密度,与此同时又减小了它的掺杂程度,这就得到了它较稳定的掺杂状态。同时,其聚合过程中形成低聚物具有水溶性,更容易对 PEDOT 高聚物的物理性能进行操作。因此,同大多数的导电高分子材料一样,PEDOT 具有良好的电磁学性能和机械加工性能,同时还有其他一些优点,如工作性质稳定、易透光、转换效率高和较好的生物兼容性等。

热电材料是一种新型环保、功能型材料,它的作用原理是通过对材料内部载流子运动的控制,来实现从热能到电能的转换。PEDOT 薄膜

（聚3,4 - 乙撑二氧）作为有机热电材料的一种,以其良好的环境稳定性、质轻价廉等而被广泛应用。本章采用拉曼测试仪、紫外测试仪、霍尔效应测试仪,对经乳糖和葡萄糖处理的PEDOT薄膜分别进行分析测试,然后根据实验数据研究不同的后处理方式对PEDOT的电输运性能的影响机制,为以后的应用提供重要的理论基础。

导电高分子的一个重要研究方向是制备导电高分子宏观尺度及纳米尺度的复合材料。该类复合材料不仅有望保留其不同组分的原有性质,而且能发挥协同作用,克服单一组分可能存在的缺陷,产生新的物理、化学性质。而与碳纳米材料的复合,将为导电高分子复合材料本身带来结构的微纳米化,从而具有纳米尺寸效应,如导电高分子和碳纳米材料之间存在电荷转移作用。复合材料会表现出优异的力学、电学、光学性质,具有广泛的潜在应用,因此导电高分子与碳纳米材料的复合成为研究热点。

Yu等制备了PEDOT:PSS/CNT复合膜,发现膜的电导率与Seebeck系数关联较弱,室温功率因子最大达到160 $\mu W/(m \cdot K^2)$。他们认为CNT与CNT之间的结对提高电导率和抑制热导率起了非常重要的作用。CNT之间以串联的形式导电,这是由于CNT与CNT的结之间存在导电的聚合物颗粒,即电传输可以通过这种结,而由于CNT与基体间的分子振动谱不一致,这种结妨碍了声子的传输,即有利于降低热导率。我们较早开展了P3HT/MWCNT（多壁碳纳米管）复合热电材料的研究:采用简单的原位聚合结合离心沉积法制备了复合膜,发现加入MWCNT可以显著提高聚合物的电导率,同时保持较高的Seebeck系数。Bounioux等分别用单壁碳管（SWCNT）和MWCNT与$FeCl_3$掺杂的P3HT复合,发现前者具有更高的电导率,而二者的Seebeck系数差不多;在SWCNT含量为81 wt%时复合材料的功率因子达到95 $\mu W/(m \cdot K^2)$。最近,陈立东课题组报道了用樟脑磺酸掺杂PANI/SWCNT的复合膜,当膜中SWCNT含量为70 wt%时室温ZT值达到0.12,是至今报道的聚合物基纳米复合材料的ZT值中最高的。其原因认为是PANI与SWCNT相互之间的π - π共轭键相互作用,使附着在SWCNT表面的PANI分子链有序度提高。以上研究表明,当

SWCNT 与某些化合物,尤其是那些本身带有共扼结构的芳香族聚合物掺杂时,由于二者结构上的特点,相互之间通常会产生某些特殊的物理 - 化学作用,如化学键合作用、范德华力以及 π - π 共轭效应等。这些相互作用的存在往往对聚合物的性能会产生直接的影响。因此本章将利用 SWCNT 与 VPP 法制备的 PEDOT 进行复合,研究 SWCNT 含量对复合材料热电性能的影响。

4.2 实验过程

4.2.1 原材料

高纯单壁碳管(SWCNT,10 wt‰,水分散液)购买于中国科学院成都有机化学有限公司(中科时代纳米中心)。SWNTs:管径 1 ~ 2 nm,长度 5 ~ 30 μm,纯度≥90%。

其余实验中所用到的有关试剂及其纯度和来源见本书第 2 章 2.1.1部分中表 2-1。

4.2.2 样品的制备

利用 VPP 法制备 PEDOT/SWCNT 纳米复合薄膜,第一步,配制氧化剂溶液,将氧化剂 Fe(Tos)$_3$、三嵌段共聚物 PPP 及不同质量的 SWCNT 水分散液加入正丁醇和乙醇的混合溶剂中搅拌 30 min。第二步,将配置好的含有 SWCNT 的氧化剂溶液旋涂至清洗好的石英基板上,旋涂的速度为 3 000 r/min,时间为 40 s。第三步,将涂有氧化剂的石英基板放置在 60 ℃的热板上进行处理,30 s 左右使溶剂挥发。第四步,立即将热板上的石英基板转移至充满 EDOT 单体的气相室中进行氧化聚合,20 min 左右将其由气相室中取出。第五步,清洗,将气相室中取出的基板浸入乙醇或去离子水中将反应的副产物、残留的氧化剂及 EDOT 单体清洗干净。第六步,烘干,将制好的试样放入 70 ℃的真空干燥箱或热板上干燥 1 h。图 4-1 描述了 VPP 法制备 PEDOT/SWCNT 复合薄膜的过程。

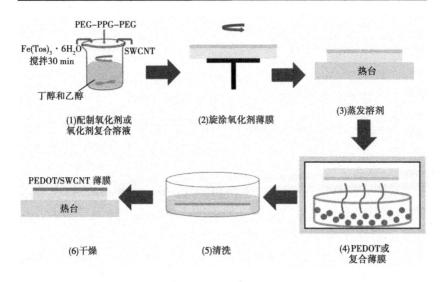

图 4-1　制备 PEDOT/SWCNT 复合薄膜过程

4.2.3　样品表征和性能测试方法

用台阶仪测试薄膜的厚度。UV－Vis－NIR 光谱定性地比较分析随掺杂程度的变化复合膜中 PEDOT 分子结构和电结构的变化。Raman 光谱分析在氧化剂中加入 SWCNT 后聚合的 PEDOT 其 Raman 谱峰偏移情况,以揭示 SWCNT 的加入对 PEDOT 基体的分子结构及掺杂程度的影响。FESEM、TEM 用于表征 PEDOT/SWCNT 复合材料的结构和形貌。SEM 制样方法如下:薄膜连同基板在液氮中冷却,再用镊子从中间分开,露出它的断面,最后在断面的表面溅射 10 nm 厚的金纳米层增加样品的导电性。TEM 样品制备方法是将刚制备好的复合薄膜清洗之后,将其从基板上剥离下来分散在无水乙醇中,超声 20 min 后,滴于铜网上进行 TEM 测试。XPS 分析 SWCNT 的加入对 PEDOT 薄膜中各元素的化学状态的影响,电导率、热导率和 Seebeck 系数测试同第 2 章的 2.2 节,在此不再赘述。

4.3 结果与讨论

4.3.1 热电性能测试

图 4-2 为气相法聚合 PEDOT – Tos/SWCNT 和 PEDOT – Tos – PPP/SWCNT 复合薄膜室温下(295 K)的电导率、Seebeck 系数及功率因子随 SWCNT 含量增加的变化关系图。从图中可以看出,随着 SWCNT 含量的增加,PEDOT – Tos/SWCNT 和 PEDOT – Tos – PPP/SWCNT 复合薄膜的电导率均呈现先增大后减小的趋势,原因可能是少量碳管的加入降低了 PEDOT 的聚合速率,导致聚合物链结构上的缺陷减少,从而导致电导率增大。进一步增加碳管的含量,氧化剂薄膜中 $Fe(Tos)_3$ 的相对含量减少,导致 PEDOT 的氧化掺杂程度降低,电导率下降,具体分析见下文 XPS 及 UV – Vis – NIR 部分。

从图 4-2 中可以看到复合材料中是否有三嵌段共聚物 PPP,即氧化剂中是否加入 PPP 导致其电导率有很大的不同,从而导致 TE 性能差异很大。三嵌段共聚物 PPP 在气相聚合 PEDOT 过程中,一方面作为抑制剂降低氧化剂的反应活性,另一方面作为 PEDOT 分子链排列的软模板。在制备 PEDOT/SWCNT 复合材料时,氧化剂中加入 PPP 时,软模板 PPP 缠绕包覆在碳管表面,在气相室中氧化聚合后,形成 PEDOT 包覆碳管的核壳结构,有利于复合材料 TE 性能的提高。氧化剂中不加 PPP,一方面 SWCNT 在氧化剂中的分散性差,另一方面导致聚合物基体的电导率降低,从而导致其 TE 性能不好。

PEDOT – Tos – PPP/SWCNT 复合材料的 Seebeck 系数随着 SWCNT 含量的增加呈现缓慢增长的趋势,由 15.5 $\mu V/K$ 增加到 24.1 $\mu V/K$,当 SWCNT 含量为 35 wt% 时,电导率由 918 S/cm 下降至 768 S/cm,Seebeck 系数由 15.5 $\mu V/K$ 增加至 22.1 $\mu V/K$,功率因子达到最大值 37.8 $\mu W/(m \cdot K^2)$。将 SWCNT 插入 PEDOT – Tos – PPP 基质中对其热电性能有一定程度的提高,其功率因子大于两种材料单独存在时的功率因子,是 PEDOT – Tos – PPP 薄膜的 1.7 倍,是 SWCNT 的 15.7 倍。

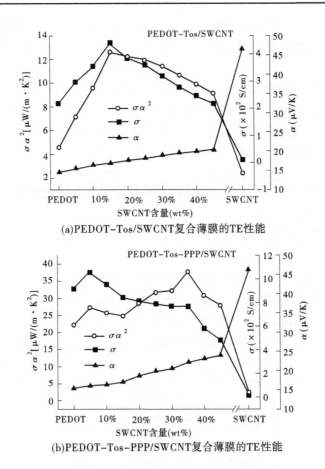

(a)PEDOT-Tos/SWCNT复合薄膜的TE性能

(b)PEDOT-Tos-PPP/SWCNT复合薄膜的TE性能

图 4-2　SWCNT 不同含量时 PEDOT – Tos/SWCNT 及
PEDOT – Tos – PPP/SWCNT 复合薄膜的 TE 性能

　　为了探索 VPP 法制备的 PEDOT – Tos – PPP 及 PEDOT – Tos –
PPP/SWCNT 复合薄膜的导电机制。我们对其进行了变温性能测试
(从 294 K 到 374 K),如图 4-3 所示。从图 4-3(a)中可以看到这两个
样品的电导率均随着温度的升高呈现下降趋势,两者均显示出金属或
重掺杂半导体的导电行为,这一结果和文献中报道的结果一致。
图 4-3(a)中的插图显示了 $\ln(\sigma)$ 与 $T^{-1/4}$ 的关系,从图中可以看到这

两个样品在 294 K 到 374 K 范围呈现出的线性均较好,表明这两个样品在室温附近符合变程跃迁的导电机制。图 4-3(b) 为 PEDOT – Tos – PPP/SWCNT 复合薄膜 Seebeck 系数随温度的变化关系,从图中可以看到,在整个温度变化区间(294 K 到 374 K),这两个样品的 Seebeck 系数均随温度的升高呈现增加的趋势,且复合薄膜增加的幅度更大。因此在整个测试温度范围内,复合薄膜的功率因子较大,在 374 K 时,功率因子达到 52.4 μW/(m·K^2)[见图 4-3(c)]。

本实验中测得的 PEDOT – Tos – PPP 及 PEDOT – Tos – PPP/SWCNT 复合材料(其中 SWCNT 含量为 35 wt%)在室温下(304 K)的热导率分别为(0.495 ± 0.005)W/(m·K)和(0.492 ± 0.005)W/(m·K),复合材料的热导率与纯聚合物 PEDOT – Tos – PPP 薄膜的热导率相比几乎没有发生变化,这与之前文献中报道的结果相一致,可能是由于 CNT 与聚合物间的键合和振动谱不一样,导致复合材料的热导率和聚合物的基本一致。这个值较先前报道的商用的 PEDOT:PSS 高,但是与传统的无机热电材料相比要低很多。基于以上测试,复合材料室温(304 K)时的 ZT 值为 0.024。另外,我们也对 PEDOT – Tos –

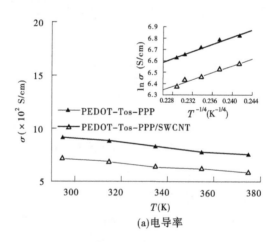

(a)电导率

图 4-3　PEDOT – Tos – PPP 和 PEDOT – Tos – PPP/SWCNT 复合薄膜的
电导率、Seebeck 系数和功率因子随温度变化的关系

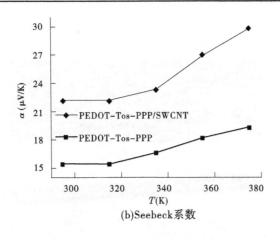

(b)Seebeck系数

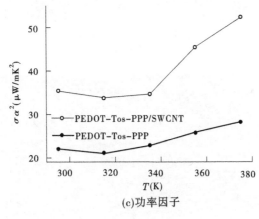

(c)功率因子

续图 4-3

PPP/SWCNT 复合薄膜在 374 K 时的热导率进行了测试,其热导率由 (0.492 ± 0.005) W/(m·K)上升至(0.571 ± 0.005) W/(m·K),其 ZT 值在 374 K 时达到 0.035。

4.3.2　形貌的分析

图 4-4 为 VPP 法制备的 PEDOT - Tos - PPP 薄膜和 PEDOT - Tos - PPP/SWCNT 复合薄膜的 FESEM 断面照片,断面照片是在液氮中淬断。

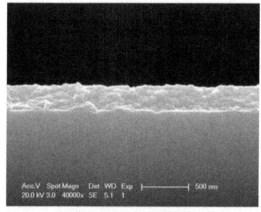

(a)PEDOT–Tos–PPP薄膜的
FESEM断面地貌

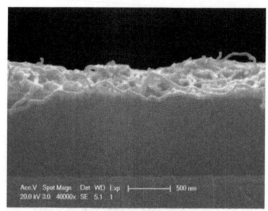

(b)PEDOT–Tos–PPP/SWCNT复合
薄膜的FESEM断面地貌

图 4-4　VPP 法制备的 PEDOT – Tos – PPP 薄膜和 PEDOT – Tos –
PPP/SWCNT 复合薄膜的 FESEM 断面照片

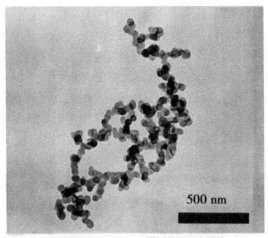

(c)PEDOT–Tos–PPP薄膜的TEM照片

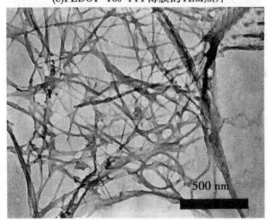

(d)PEDOT–Tos–PPP/SWCNT复合
薄膜的TEM照片

续图 4-4

从图 4-4(a)中可以看出 PEDOT – Tos – PPP 薄膜是由直径 40 ~ 50 nm 的球形颗粒组成,而复合薄膜除了球形颗粒,还有直径30 ~ 100 nm 的准一维纳米结构,其直径比 SWCNT 的直径(1 ~ 2 nm)大很多,表明 PEDOT 包覆在 SWCNT 的表面。

　　由于样品在做 TEM 之前,将其分散在酒精溶液中,超声 20 min

后,将酒精分散液滴在铜网上进行 TEM 形貌观察,在复合材料的样品中分别观察到 PEDOT - Tos - PPP 及 PEDOT - Tos - PPP/SWCNT 复合材料这两种形貌,如图 4-4(c)、(d)所示。之所以能观察到这两种形貌,可能的原因是,在聚合反应的开始阶段,PEDOT - Tos - PPP 颗粒沿着 SWCNT 表面聚合,形成 PEDOT - Tos - PPP 包覆 SWCNT 的核壳结构。随着聚合反应的进行,PEDOT - Tos - PPP 在 SWCNT 表面包覆的越来越多,外层的 PEDOT - Tos - PPP 与 SWCNT 之间的 $\pi - \pi$ 作用力变的很弱,经过超声之后被分开。从图 4-4(c)中可以看出 PEDOT - Tos - PPP 是由直径 40 ~ 50 nm 的球形颗粒组成的,它们排列成链状结构。复合薄膜的形貌与在 FESEM 中观察的断面形貌一致,形成 PEDOT - Tos - PPP 包覆碳管的核壳结构,复合材料的表面呈现光滑状态,原因是碳管表面与 PEDOT - Tos - PPP 中苯环之间存在强烈的 $\pi - \pi$ 相互作用,PEDOT - Tos - PPP 在形成过程中以 SWCNT 为模板整齐排列在其表面。这种核壳结构的形成过程是将碳管加入含有 Fe(Tos)$_3$ 及 PPP 的氧化剂溶液中,经过超声搅拌将碳管均匀分散在氧化剂溶液中,在超声搅拌过程中 Fe(Tos)$_3$ 及三嵌段共聚物 PPP 缠绕包覆在碳管表面,形成氧化剂包覆碳管的结构,随后将其转移至充有 EDOT 单体的气相室中进行聚合,EDOT 单体将和包覆在碳管上的氧化剂发生氧化聚合反应,由于碳管表面与 PEDOT 中苯环之间存在强烈的 $\pi - \pi$ 相互作用,PEDOT 链结构将以碳管为模板整齐排列在其表面,最终形成 PEDOT 包覆碳管的核壳结构。PEDOT - Tos - PPP/SWCNT 复合结构形成过程如图 4-5 所示。

4.3.3　Raman 光谱的分析

图 4-6 为 SWCNT、VPP 法制备的 PEDOT - Tos - PPP 薄膜以及不同 SWCNT 含量的复合薄膜的 Raman 光谱图。图 4-6 中的 SWCNT 拉曼光谱,在 1 575 cm^{-1} 和 1 339 cm^{-1} 处有两个特征峰,分别对应于 SWCNT 的 G 带和 D 带,与文献中报道一致。图 4-6 中的未复合的 PEDOT - Tos - PPP 薄膜的拉曼光谱特征峰,与前面所述的相一致,其中 1 431 cm^{-1} 处的特征峰为 PEDOT 中的 $C_\alpha = C_\beta(-O)$ 对称伸缩振动

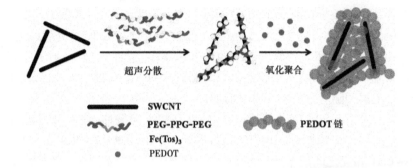

超声分散　　　　　　　　氧化聚合

SWCNT

PEG-PPG-PEG
Fe(Tos)₃

PEDOT

PEDOT 链

图 4-5　PEDOT – Tos – PPP/SWCNT 复合结构形成过程示意

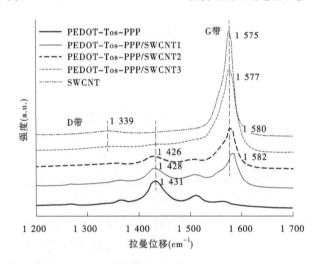

图 4-6　SWCNT 不同含量时 PEDOT – Tos – PPP/SWCNT
复合薄膜的 Raman 光谱图

峰。从图中可以看到复合材料中随着 SWCNT 含量的增加,SWCNT 的特征峰开始逐渐增强,PEDOT 的特征峰逐渐减弱。且 PEDOT 结构中 $C_\alpha = C_\beta(-O)$ 对称伸缩振动峰的峰位向低频方向偏移,表明随着 SWCNT 含量增加复合材料中 PEDOT 基体的掺杂程度降低,这可能是随着 SWCNT 含量的增加复合材料电导率下降的原因之一。另外,由于 PEDOT – Tos – PPP 与 SWCNT 相互之间的 π – π 共轭键相互作用,以碳管为模板生长的 PEDOT 链结构排列的更为有序,且其链结构呈现出更为伸展的状态。因此,随着复合材料中 SWCNT 含量的增加,PEDOT – Tos – PPP 中分子链中的伸展态增多,卷曲态减少,有利于提高载流子的迁移率,进而提高复合材料的 Seebeck 系数。另外,从图中可以观察到随着复合材料中 PEDOT – Tos – PPP 含量的增加(SWCNT 含量的减小),SWCNT 的特征峰 G 带向高频方向偏移,且 PEDOT 含量越高偏移的程度越大。其原因可能是:一方面,PEDOT – Tos – PPP 与 SWCNT 相互之间的 π – π 共轭键作用导致;另一方面,由于 SWCNT 表面已经形成排列整齐 PEDOT – Tos – PPP 分子链,随着聚合反应的进行,形成越来越多的随机排列的 PEDOT – Tos – PPP 球形颗粒,这些不规则排列的 PEDOT – Tos – PPP 圆形颗粒对碳管表面有挤压,导致其管壁发生畸变引起 G 带向高频方向偏移。

4.3.4 XPS 分析

图 4-7(a)、(b)、(c)分别为 VPP 法制备的 PEDOT – Tos – PPP 薄膜、SWCNT 含量分别为 15% 复合薄膜、35% 复合薄膜等的 X 射线光电子能谱 S_{2p} 谱图。从图中看到复合薄膜和 PEDOT – Tos – PPP 薄膜的 S_{2p} 谱图峰形相同,但是在聚合时其结合能有差异。依据文献报道,164.3 ~ 165.2 eV 为中性态 PEDOT 中 S 原子 S_{2p} 峰,165.7 ~ 166.3 eV 为掺杂态 PEDOT$^+$ 链结构中 S 原子 S_{2p} 峰,167.5 ~ 168.7 eV 为掺杂离子 Tos$^-$ 中 S 原子 S_{2p} 峰。且每一种组分由两个峰组成,分别是 $2p_{1/2}$ 和 $2p_{3/2}$ 电子,从图中看到,一共由 6 个峰组成,这与之前文献中的报道一致。复合材料中随着 SWCNT 含量的增加,一方面,PEDOT 中 S 的结合能向高能量偏移,且 SWCNT 含量越多其偏移量越大,当 SWCNT 在 PEDOT – Tos – PPP 中含量达到 35% 时,峰位由 164.2 eV 偏移至 164.8 eV;另一方面,随着复合材料中 SWCNT 含量增加,PEDOT 氧化掺杂程度降低,当复合材料中 SWCNT 的含量为 35% 时,PEDOT 的氧化掺杂程度由 32.84% 降至 29.78%,这与 Raman 分析结果一致。

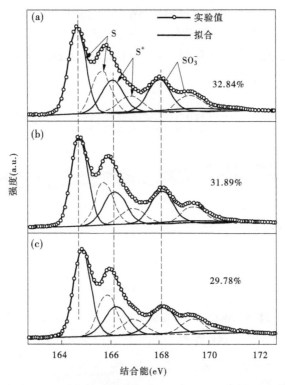

图 4-7　VPP 法制备的三种薄膜的 X 射线光电子能谱 S_{2p} 谱图

4.3.5　UV – Vis – NIR 分析

图 4-8 为 SWCNT、VPP 法制备的 PEDOT – Tos – PPP 薄膜及不同 SWCNT 含量的复合薄膜的 UV – Vis – NIR 吸收光谱。由图中观察到 VPP 法制备的 PEDOT – Tos – PPP 薄膜在紫外区有吸收(文献[117]指出 200 nm 处的吸收峰主要是由掺杂离子 Tos 中的苯环引起的),且在近红外区域(>1 000 nm)的吸收强度很强,表明 VPP 法制备的 PEDOT – Tos – PPP 薄膜其氧化掺杂程度很高,聚合物链结构中的载流子类型主要是极化子或双极化子。与 SWCNT 复合后,随着 SWCNT 含量的增加近红外区域的吸收强度逐渐降低,表明复合材料中随着 SWCNT 含量的增加载流子浓度降低,即 PEDOT 链结构中的氧化掺杂程度降低,

这可能就是导致随着复合材料中 SWCNT 含量的增加其电导率降低的主要原因,且这一分析结果与 Raman 及 XPS 中的结果一致。另外,复合材料中载流子浓度的降低,有利于 Seebeck 系数的提高。

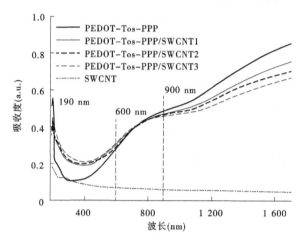

图 4-8　SWCNT 不同含量时 PEDOT – Tos – PPP/SWCNT
复合薄膜的 UV – Vis – NIR 吸收光谱

4.4　本章小结

本章主要采用 VPP 法制备 PEDOT – Tos – PPP/SWCNT 复合薄膜,在聚合过程中以碳管为硬模板,三嵌段共聚物 PPP 为软模板,形成了聚合物包覆碳管的核壳结构,实现了聚合物分子链的有序排列,增强了 PEDOT – Tos – PPP 和 SWCNT 之间的 π – π 相互作用,提高了复合材料中的载流子迁移率,导致 TE 性能得到一定程度的提高。在氧化剂溶液中加入三嵌段共聚物 PPP 有助于提高复合的均一性,这主要是因为 PPP 可以在碳纳米管表面吸附,并且能够较为均匀地分散在氧化剂溶液中,形成柱状的微区域,导电高分子单体可以通过静电作用吸附在 PPP 上,进一步氧化聚合。复合材料的微结构及形貌通过 FESEM 及 TEM 观察,随后通过 XPS、Raman、UV – Vis – NIR 吸收光谱等表征手段表明,随着 SWCNT 在氧化剂中含量的增多,EDOT 单体在聚合过程中形成的聚合物基体掺杂程度降低,导致其电导率降低,由 918 S/cm 下降至 110 S/cm;而 Seebeck 系数随着 SWCNT 含量的增加呈现增大的趋势,由 15.5 μV/K 增加到 24.1 μV/K;当 SWCNT 含量为 35 wt% 时,功率因子达到最大值 37.8 μW/(m·K²)。其功率因子大于两种组分各自的 PF,是 PEDOT - Tos - PPP 薄膜的 1.7 倍,是 SWCNT 的 15.7 倍。而复合薄膜室温下的热导率为 0.492 W/(m·K),与 PEDOT - Tos - PPP 薄膜[热导率为 0.495 W/(m·K)]相比几乎没有变化,因此复合薄膜在室温下的 ZT 值约为 0.024。另外,我们做了变温性能测试,在 294 ~ 374 K 测试范围内,复合薄膜的电导率随着温度的升高从 718 S/cm 下降至 590 S/cm,Seebeck 系数从 22.1 μV/K 增加至 29.8 μV/K,在 374 K 时复合薄膜的功率因子达到 52.4 μW/(m·K²)。热导测试结果显示随着温度的升高,热导率略微升高,由 0.492 μW/(m·K)上升至 0.571 W/(m·K),因此复合薄膜的 ZT 值在 374 K 时达到 0.035。

从以上的分析结果来看,利用 VPP 法制备的 PEDOT/SWCNT 复合材料,其热电性能的优劣,主要是由基体 PEDOT 的性能决定的,SWCNT 在复合材料中发挥的作用还很有限。复合材料的 TE 性能,没有像我们预想的那样 Seebeck 系数得到大幅度提高,其主要原因可能是 SWCNT 与 PEDOT 两者之间的作用力相对较弱,没能产生很好的协同效应。

第 5 章　H_2SO_4 后处理 VPP 法制备的 PEDOT 薄膜及其 TE 性能

5.1　引　言

　　PEDOT 是聚噻吩的衍生物,因其热电性能优异,成为有机热电材料的研究热点。本书采用 VPP 法制备的 PEDOT 薄膜,以 $Fe(Tos)_3$ 为氧化剂,表面活性剂 PPP 为软模板,成功制备出共轭程度较高、结构缺陷少的聚合物链结构,具有相对较高的电导率,但是在第 3 章结果分析部分我们发现利用 VPP 法制备的 PEDOT 薄膜中含有大量的绝缘物质 PPP,对 PEDOT 中载流子的输运造成不利影响。

　　依据文献[121-123]报道,商用的 PEDOT:PSS 水溶液制备的 PEDOT:PSS 薄膜通过高电介质溶剂如 DMSO、EG、DMF 等后处理,可以进一步提高 PEDOT:PSS 薄膜的电导率。其主要原因是这些电介质溶剂使 PEDOT 分子链和 PSS 链之间的作用力减弱,一方面去除绝缘相 PSS,另一方面薄膜经过后处理 PEDOT 分子链排列的更加有序,有利于载流子的传输,从而提高其热电性能。因此,本章工作将通过后处理的方式尝试去除 PEDOT - Tos - PPP 薄膜中的绝缘物质 PPP,减少 PEDOT 分子链结构中的绝缘势垒,提高载流子的迁移率。选用高介电常数的 H_2SO_4 水溶液(介电常数为 101)为处理剂,引发导电性的 PEDOT 链和绝缘物质 PPP 分离,通过在水溶液中清洗将两亲性的三嵌段共聚物 PPP 去除,得到主要由 PEDOT 组成的薄膜。结果显示 H_2SO_4 水溶液不仅对 PEDOT - Tos - PPP 薄膜中的绝缘物质 PPP 去除效果明显,并且还进一步提高了 PEDOT 薄膜的氧化掺杂程度,导致 PEDOT 薄膜电导率有很大程度的提升,而 Seebeck 系数和热导率的变化并不明显,最后通过提高电导率的方式达到了提高 PEDOT 薄膜热电性能的目的。该方法工艺简单,成本低,在改善 PEDOT 材料热电性能方面有很好的应用前景。

5.2　实验过程

5.2.1　原材料

浓硫酸(H_2SO_4,70%)购自于国药集团化学试剂有限公司。其余实验中所用到的有关试剂及其纯度和来源见本书第 2 章 2.1.1 部分中的表 2-1。

5.2.2　样品的制备

(1)首先利用 VPP 法制备 PEDOT – Tos – PPP 薄膜,氧化剂 $Fe(Tos)_3$、表面活性剂三嵌段共聚物 PPP 分别溶解在正丁醇和乙醇的混合溶液中(质量比为 1:1),其浓度均为 20%。具体实验过程同第 4 章所述,在此不做重复叙述。

(2)配制不同浓度(0.5 mol/L、0.75 mol/L、1.0 mol/L、1.25 mol/L 和 1.5 mol/L)的 H_2SO_4,待用。

(3)H_2SO_4 后处理:将 VPP 法沉积在基板上的 PEDOT – Tos – PPP 薄膜放置在 100 ℃的热板上退火 2 min 左右,随后分别将大约 200 μL 不同浓度的 H_2SO_4 滴至 PEDOT – Tos – PPP 薄膜上,热板温度升高至 140 ℃,处理时间 10 min 左右,样品从热板上取下冷却至室温,随后将其浸泡在盛有无水乙醇或去离子水的烧杯中进行清洗。最后将清洗干净的薄膜放置于 60 ℃的真空干燥箱中干燥 24 h。

5.2.3　样品表征和性能测试方法

采用台阶仪测量薄膜的厚度;采用 AFM 测试薄膜表面形貌及表面粗糙度;采用 XPS 分析 PEDOT 薄膜经化学试剂处理后对绝缘物质 PPP 的去除情况及薄膜组分的影响;采用 Raman、UV – Vis – NIR 等对 PEDOT 分子结构及氧化掺杂程度进行测试,样品电导率、Seebeck 系数和热导率测试仪器同第 2 章的 2.2 节,在此不再赘述。

5.3 结果与讨论

5.3.1 热电性能测试

图 5-1 为 VPP 法制备的 PEDOT – Tos – PPP 薄膜经过不同浓度的 H_2SO_4 处理室温下的电导率、Seebeck 系数及功率因子的变化曲线。随着 H_2SO_4 水溶液浓度增加至 1 mol/L，电导率由 944 S/cm 快速增加至 1 750 S/cm；进一步增加 H_2SO_4 浓度，其电导率增加程度很小，且 PEDOT 薄膜易从基板上脱落下来。由于 VPP 法制备的 PEDOT 薄膜很薄，再次附着在基板上容易破坏其完整性，因此我们选用 1 mol/L 的 H_2SO_4 水溶液后处理 VPP 法制备的 PEDOT – Tos – PPP 薄膜。

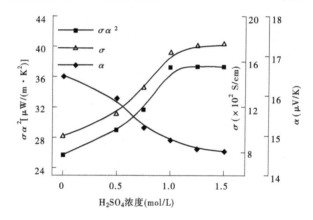

图 5-1   PEDOT – Tos – PPP 薄膜经过不同浓度的
H_2SO_4 处理后室温下(295 K)的 TE 性能

VPP 法制备的 PEDOT – Tos – PPP 薄膜室温下的 Seebeck 系数为 16.5 μV/K，较文献[103]中报道的低，可能是由制备的条件不同导致的。从图 5-1 中可以看到，经过 H_2SO_4 处理后，PEDOT 薄膜的 Seebeck 系数由 16.5 μV/K 降至 14.6 μV/K，略微有下降，而处理后的 PEDOT 薄膜电导率有很大程度的提高，最终导致功率因子增大，由 25.7

μW/(m·K²)增加至 37.3 μW/(m·K²)。

为了探索 VPP 法制备的 PEDOT – Tos – PPP 及经过 H₂SO₄水溶液处理后薄膜的导电机制。我们对其进行了变温测试(从 295 K 到 375 K),如图 5-2(a)所示。从图中可以看到这两个样品的电导率均随着温度的升高呈现下降趋势,显示出金属或重掺杂半导体的导电行为,这一结果和文献[103]中报道的结果一致。图 5-2(a)中的插图显示了 ln (σ)与 $T^{-1/3}$ 的关系,从图中可以看到这两个样品在 295 K 到 375 K 呈现出的线性均较好,表明这两个样品在室温附近符合变程跃迁的导电机制。

图 5-2(b)为未处理和经过 H₂SO₄后处理 PEDOT 薄膜的 Seebeck 系数随温度的变化关系。从图中可以看到,在整个温度变化期间,经过 H₂SO₄处理后 PEDOT 薄膜的 Seebeck 系数较未处理的低,这两个样品均随着温度的升高 Seebeck 系数呈现增加的趋势,且经过 H₂SO₄处理后样品较未处理的样品增加的幅度更大,因此在 375 K 时,它的值与未处理的样品的 Seebeck 系数值已经很接近。在整个测试温度范围内,H₂SO₄后处理的薄膜的功率因子较未处理的大,原因是其拥有高的电导率,因此在 375 K 时,最大的功率因子达到 58 μW/(m·K²)[见

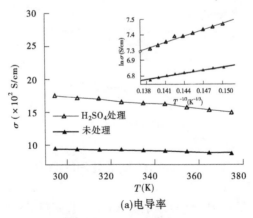

(a)电导率

图 5-2　未处理和经过 1.0 mol/L H₂SO₄处理后电导率、Seebeck 系数和功率因子随温度变化的关系

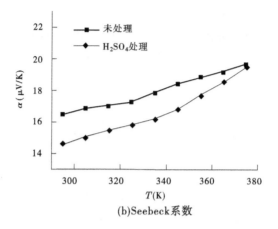

(b)Seebeck系数

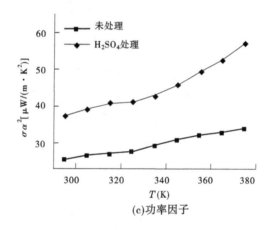

(c)功率因子

续图 5-2

图 5-2(c)]。

　　未处理和经过 1. 0 mol/L H_2SO_4 后处理的 PEDOT – Tos – PPP 薄膜的热导率分别为(0. 495 ± 0. 005)W/(m · K)和(0. 474 ± 0. 005)W/(m · K)。经过 H_2SO_4 处理的 PEDOT 薄膜其热导率略微有所下降，这一结果与 DMSO 和 EG 后处理 PEDOT：PSS 的结果相一致。本实验中利用 VPP 法制备的 PEDOT 薄膜其热导率虽然较商用的 PEDOT：PSS 薄膜高，但是与传统的无机热电材料相比要低很多。

基于以上测试,经过 1.0 mol/L H$_2$SO$_4$ 后处理 PEDOT – Tos – PPP 薄膜室温(295 K)时的 ZT 值约为 0.024,375 K 时,ZT 值达到 0.046,其中 375 K 的 ZT 值是通过 375 K 时实验测得的功率因子和温室时测得的热导率计算得到的,因为有文献表明 PEDOT 热导率对温度的变化并不是很敏感。实验结果表明经过 H$_2$SO$_4$ 后处理有效地提高了 VPP 法制备的 PEDOT 薄膜的热电性能。

未处理和经过 1.0 mol/L H$_2$SO$_4$ 后处理的 PEDOT – Tos – PPP 薄膜的厚度分别为(140 ± 5)nm 和(110 ± 5) nm。经过 H$_2$SO$_4$ 后处理薄膜的厚度减小了 20%。同样的现象在 EG 和甲醇后处理 PEDOT:PSS 薄膜中也被发现,研究人员认为由于 PEDOT 是不溶的,后处理不会去除 PEDOT,厚度减少是由于去除了 PSS。因此,我们认为经过 1.0 mol/L H$_2$SO$_4$ 后处理的 PEDOT – Tos – PPP 薄膜厚度减少可能是三嵌段共聚物 PPP 或是 Tos 又或者是这两种物质都被去除造成的,为了证实我们的想法,随后做了 UV – Vis – NIR、XPS、Raman 等测试表征。

5.3.2　UV – Vis – NIR 吸收光谱分析

图 5-3 为未处理和经过 1.0 mol/L H$_2$SO$_4$ 后处理的 PEDOT – Tos – PPP 薄膜的 UV – Vis – NIR 吸收光谱。紫外区的吸收峰是 Tos 内苯环引起的。经过 H$_2$SO$_4$ 后处理紫外区的吸收强度大大降低,表明 PEDOT – Tos – PPP 薄膜中大量的 Tos⁻ 被去除。可见光区域(580 ~ 600 nm)的吸收峰是 $\pi – \pi^*$ 转移中性孤子跃迁引起的吸收峰,吸收强度的降低表明 PEDOT 链结构中掺杂程度增加。近红外区(> 1 000 nm)吸收强度的增加也表明掺杂程度增加且有双极化子形成。从图 5-3 中我们可以观察到经过 H$_2$SO$_4$ 后处理 PEDOT – Tos – PPP 薄膜在可见光 600 nm 左右吸收强度降低,近红外区吸收强度增加。结果表明,经过 H$_2$SO$_4$ 后处理 PEDOT – Tos – PPP 薄膜掺杂程度增加且双极化子浓度增加。因此,经过 H$_2$SO$_4$ 后处理 PEDOT – Tos – PPP 薄膜的电导率大幅度增加。

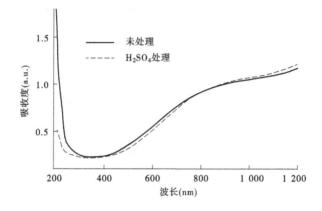

图 5-3 VPP 法制备的 PEDOT – Tos – PPP 薄膜经 H_2SO_4
处理前后的 UV – Vis – NIR 吸收光谱

5.3.3 XPS 光谱分析

图 5-4 为未处理和经过 1.0 mol/L H_2SO_4 处理的 PEDOT – Tos –
PPP 薄膜的 XPS 谱图。由图 5-4(a)中谱图可以看到有四个峰分别位
于 164 eV、228 eV、285 eV、532 eV,对应 S_{2p} 峰、S_{2s} 峰、C_{1s} 峰、O_{1s} 峰。由
5-4(a)谱图中我们得到经过 H_2SO_4 后处理 PEDOT 薄膜的 S/C 峰强比
由 0.34 增大至 0.42,O/C 峰强比由 1.3 降至 1.1。引起 S/C 和 O/C
峰强比发生变化的原因是什么? 随后我们详细分析了高分辨 O_{1s} 及 S_{2p}
的分谱[见图 5-4(b)、(c)]。

图 5-4(b)为 PEDOT – Tos 薄膜(其制备方法和 PEDOT – Tos – PPP
薄膜的制备方法相同,不同之处是氧化剂溶液中未加三嵌段共聚物
PPP)、未处理和经过 1.0 mol/L H_2SO_4 后处理的 PEDOT – Tos – PPP 薄
膜的 O_{1s} 分谱图。PEDOT – Tos 薄膜的 O_{1s} 最强峰出现在 532.2 eV,
PEDOT – Tos – PPP 薄膜 O_{1s} 的最强峰位于 532.7 eV,向高结合能方向
偏移了 0.5 eV,经过 1.0 mol/L H_2SO_4 处理后的 PEDOT – Tos – PPP 薄
膜的最强峰位又返回至 532.28 eV 并且其峰强增强,峰宽加大。这一
结果表明,用 VPP 法合成 PEDOT 薄膜,若在氧化剂中加入三嵌段共聚

物 PPP,PPP 会嵌入 PEDOT 薄膜中,这一结果与之前报道[116]的相一致。经过 H₂SO₄处理后其峰位再一次返回至 532.28 eV,我们认为其原因是:经过 H₂SO₄处理后的 PEDOT – Tos – PPP 薄膜中三嵌段共聚物 PPP 大部分甚至完全被去除。另外,这一结论与之前经过 H₂SO₄后处理的 PEDOT – Tos – PPP 薄膜厚度变薄相一致。由于 PPP 是绝缘物质,它的部分或完全去除将导致 PEDOT 薄膜电导率大大提高。

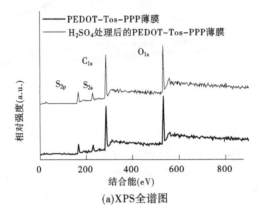

(a)XPS全谱图

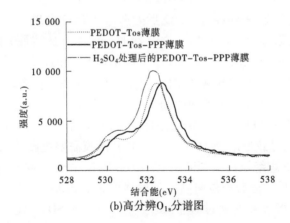

(b)高分辨O₁ₛ分谱图

图 5-4　VPP 法制备 PEDOT – Tos – PPP 薄膜经过 H₂SO₄
水溶液处理前后的 XPS 谱图

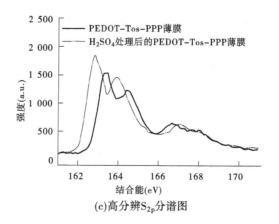

(c)高分辨S$_{2p}$分谱图

续图5-4

图5-4(c)为 VPP 法制备 PEDOT – Tos – PPP 薄膜和经过 H$_2$SO$_4$ 处理后 PEDOT – Tos – PPP 薄膜的 S$_{2p}$ 分谱图。依据文献[115,128]报道,166~170 eV 为掺杂离子 Tos$^-$ 中 S 原子引起的吸收峰,162~166 eV 为 PEDOT 中 S 原子引起的吸收峰。从图中我们看到,一方面 H$_2$SO$_4$ 处理后的 PEDOT – Tos – PPP 薄膜中 Tos$^-$ 中 S 原子的峰强相对 PEDOT 中 S 原子强度降低,表明经过 H$_2$SO$_4$ 后处理部分 Tos$^-$ 从 PEDOT – Tos – PPP 薄膜中去除,这与 UV – Vis – NIR 吸收光谱的测试结果一致。另一方面,从图5-4(c)中看到 PEDOT 中 S 原子 S$_{2p}$ 峰位向低结合能方向偏移,而 Tos$^-$ 中 S 原子的 S$_{2p}$ 峰位向高结合能方向偏移。前者峰位的偏移在文献[129]中也有类似的现象报道,可能是由三嵌段共聚物 PPP 去除导致的,因为 PPP 与 PEDOT 是两种不同的聚合物,两者结合起来相对较为困难,导致形成 PEDOT – Tos – PPP 薄膜需要更高的结合能,经过 H$_2$SO$_4$ 后处理绝缘物质 PPP 从 PEDOT – Tos – PPP 薄膜中去除,导致其结合能降低。后者峰位向高能量偏移可能是 PEDOT – Tos – PPP 薄膜在 H$_2$SO$_4$ 水溶液处理过程中 Tos$^-$ 与 HSO$_4$$^-$ 或 SO$_4$$^{2-}$ 发生离子交换,Tos$^-$ 离子被 HSO$_4$$^-$[117]或 SO$_4$$^{2-}$[130]替代,HSO$_4$$^-$ 或 SO$_4$$^{2-}$ 中 S 原子的 S$_{2p}$ 峰引起的吸收。S$_{2p}$ 分谱图结合 UV – Vis – NIR 吸收光谱(处理后掺杂水平增加),可以推断大部分 Tos$^-$ 离子被 SO$_4$$^{2-}$ 替代作为对阴

离子存在于 PEDOT 链结构中。原因是每个 Tos⁻ 离子和 HSO₄⁻ 离子只带一个负电荷,在 PEDOT 链结构中更容易形成极化子,而 SO_4^{2-} 离子带两个负电荷,能够产生更多的双极化子。因此,在 H₂SO₄ 后处理过程中发生离子交换 Tos⁻ 离子被 SO_4^{2-} 离子替代,形成更多的双极化子导致掺杂程度增加。此外,PEDOT 薄膜中 Tos⁻离子被 SO_4^{2-} 离子替代,掺杂离子(SO_4^{2})和掺杂态 PEDOT⁺ 链中 S 存在库仑作用力,将引起 PEDOT 链构象由卷曲状变为伸展形卷曲状或直线状。

5.3.4　Raman 光谱分析

　　Raman 光谱是研究共轭聚合物掺杂行为一个很有用的方法。我们利用 Raman 光谱对 H₂SO₄ 处理前后的 PEDOT - Tos - PPP 薄膜进行测试,进一步证实 H₂SO₄ 处理是一个掺杂的过程。图 5-5 为 VPP 法制备的 PEDOT - Tos - PPP 薄膜和经过 H₂SO₄ 处理薄膜的 Raman 光谱,左上角插图为图中方框区域放大后的 Raman 光谱。依据文献[131]报道,最强的特征峰 1 434 cm⁻¹ 为 PEDOT 结构中 $C_\alpha = C_\beta(-O)$ 的对称伸缩振动峰,其右侧 1 507 cm⁻¹ 为 $C_\alpha = C_\beta$ 的反对称伸缩振动;左侧 1 365 cm⁻¹ 和 1 265 cm⁻¹ 分别为 $C_\beta - C_{\beta'}$ 的对称伸缩振动和环内 $C_\alpha - C_{\alpha'}$ 的

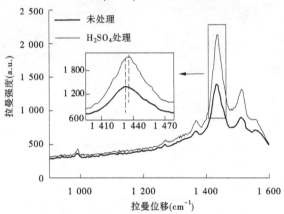

图 5-5　VPP 法制备的 PEDOT - Tos - PPP 薄膜

经过 H₂SO₄ 水溶液处理前后的 Raman 光谱图

伸缩振动;990 cm^{-1}对应氧乙烯环的变形振动。经过 H$_2$SO$_4$ 处理后的最强特征峰 1 434 cm^{-1}峰变的更宽且发生蓝移,峰位的偏移在文献[108,109,132]中也有类似的报道。文献[132]中作者认为 PEDOT 链结构中 C$_\alpha$ = C$_\beta$(- O)的对称伸缩振动峰包括两部分,一是 PEDOT 中性结构(对称中心在 1 413.5 cm^{-1}),另一是氧化掺杂态 PEDOT$^+$结构(对称中心在 1 444.5 cm^{-1})。如果 PEDOT 氧化掺杂程度改变,则 C$_\alpha$ = C$_\beta$(- O)的对称伸缩振动峰峰位发生变化。当 PEDOT 掺杂水平降低,峰位向低波数偏移(红移),相反则向高波数偏移(蓝移)[132]。在本研究工作中,如图 5-5 中插图所示,经过 H$_2$SO$_4$ 后处理C$_\alpha$ = C$_\beta$(- O)的对称伸缩振动峰向高波数偏移(蓝移),表明 PEDOT 掺杂程度增加,这一结果和 UV – Vis – NIR 吸收光谱结论一致(见图 5-3)。

5.3.5 形貌分析

图 5-6 为 VPP 法制备的 PEDOT – Tos、PEDOT – Tos – PPP 薄膜和经过 H$_2$SO$_4$ 后处理的 PEDOT – Tos – PPP 薄膜的 AFM 照片。图 5-6

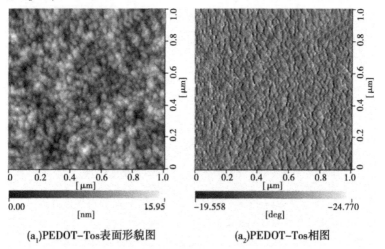

(a$_1$)PEDOT–Tos表面形貌图   (a$_2$)PEDOT–Tos相图

图 5-6   VPP 法制备的 PEDOT – Tos(a$_1$, a$_2$)、PEDOT – Tos – PPP(b$_1$, b$_2$)及

经过 H$_2$SO$_4$后处理的 PEDOT – Tos – PPP 薄膜(c$_1$, c$_2$)的

AFM 照片(尺寸为 1 μm × 1 μm)

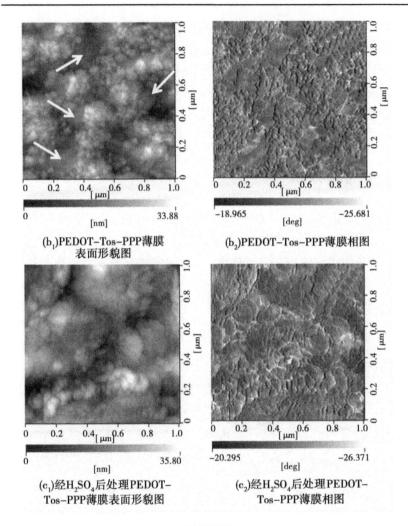

(b₁)PEDOT-Tos-PPP薄膜
表面形貌图

(b₂)PEDOT-Tos-PPP薄膜相图

(c₁)经H₂SO₄后处理PEDOT-
Tos-PPP薄膜表面形貌图

(c₂)经H₂SO₄后处理PEDOT-
Tos-PPP薄膜相图

续图 5-6

(a_1)和(a_2)分别为 PEDOT - Tos 薄膜表面形貌照片和对应的相图照片,从图中观察到其表面是由小的球形颗粒组成的。图 5-6(b_1)和(b_2)除了球形颗粒(35 nm),还存在一些尺寸更大的片状物。我们认为球形颗粒为 PEDOT - Tos,片状物为三嵌段共聚物 PPP。经过 H₂SO₄后处理 PEDOT - Tos - PPP 薄膜表面[见图 5-6(c_1)和(c_2)]的球形颗粒变得更大更长,且片状物 PPP 消失。文献[133]报道增大颗粒尺寸,致使晶界减少,导致能量势垒降低,从而使电导率提高。另外,H_2SO_4处理后 PEDOT 薄膜形貌发生改变,链结构有序性增加。

经过 H_2SO_4 处理后,薄膜厚度大大降低,且表面粗糙度降低(由 5.7 nm 降至 5.4 nm),因此表面尺寸效应增加,增加了声子散射,这可能是导致热导率降低的主要原因。

5.4 机制分析

基于以上的结果和讨论,用 H_2SO_4 对 VPP 法制备的 PEDOT – Tos – PPP 薄膜进行后处理,其电导率提高的主要机制如下:一方面,绝缘物质 PPP 在如此高的(140 ℃)H_2SO_4 水溶液中能够发生转动和平移,可以从 PEDOT – Tos – PPP 薄膜中去除。另一方面,在后处理过程中发生离子交换,Tos^- 离子被 SO_4^{2-} 离子替代 PEDOT 链结构中的载流子——双极化子增多,导致掺杂程度增加。另外,PEDOT 薄膜中掺杂离子 SO_4^{2-} 和掺杂态 $PEDOT^+$ 链中的 S 存在库仑作用力,引起 PEDOT 链构象发生改变由卷曲态变为伸展态(见图5-7)。经过 H_2SO_4 水溶液后处理 PEDOT 薄膜发生以上的改变导致电导率大大提高,Seebeck 系数和热导率略微降低,因此 ZT 值得到一定程度的提升。

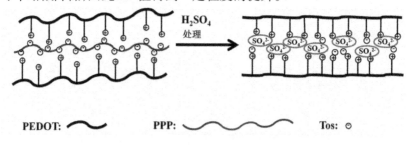

图5-7　VPP 法制备的 PEDOT – Tos – PPP 薄膜
经过 H_2SO_4 水溶液处理前后的结构示意图

5.5　本章小结

本章主要通过对 VPP 法制备的 PEDOT – Tos – PPP 薄膜进行后处理,通过提高电导率的方式达到提高 PEDOT 薄膜热电性能的目的。选用 H_2SO_4 对 PEDOT – Tos – PPP 薄膜进行后处理,实验结果表明:随着 H_2SO_4 浓度的增加,电导率得到大幅度的提高,当 H_2SO_4 浓度为 1 mol/L 时,电导率由 944 S/cm 增加到 1 750 S/cm,但是其 Seebeck 系数略微降低:由 16.5 μV/K 降至 14.6 μV/K,因此其功率因子随着 H_2SO_4 浓度的增加,呈现增大趋势,由 25.7μW/(m · K²) 增加至 37.3 μW/(m · K²)。随后对处理前后薄膜的热导率进行了测试,经过 H_2SO_4 处理后,热导率略微下降:由 0.495 降低至 0.474 W/(m · K)。室温下最大的 ZT 值约为 0.024,而随着温度升高,薄膜的 Seebeck 系数增加,电导率略有下降,功率因子从室温的 37.3 μW/(m · K²) 增加至 375 K 时的 58 μW/(m · K²),ZT 值在 375 K 时约为 0.046。热电性能提高主要是 PEDOT 薄膜电导率提高引起的。通过 AFM、XPS、UV – Vis – NIR 吸收光谱以及 Raman 光谱分析表明,经过 H_2SO_4 处理后薄膜电导率提高主要是由于绝缘物质 PPP 从 PEDOT – Tos – PPP 薄膜中去除。另外 Tos⁻ 离子和 SO_4^{2-} 离子发生离子交换导致 PEDOT 掺杂程度增加,以及 PEDOT 链的构象由卷曲状变为伸展形卷曲状或直线状。

我们知道,聚合物链的伸展程度,不仅影响聚合物的有效共轭程度,还影响聚合物链间堆积方式,伸展的链结构有利于形成聚合物分子高的共轭程度,也有利于形成紧密的链间堆积,提高载流子在聚合物链内和链间的传输,从而提高了载流子的迁移率。一般来讲增大载流子浓度,电导率会增大,但是 Seebeck 系数将减小。然而在本实验中,采用 H_2SO_4 处理后的 PEDOT – Tos – PPP 薄膜,不仅提高了聚合物链结构中的载流子浓度(双极化子增多),同时大幅度提高了载流子的迁移率(链结构及堆积方式发生改变),因此,PEDOT 薄膜的电导率有很大程度的提升,而 Seebeck 系数略有降低。

第 6 章　抗坏血酸后处理 VPP 法制备的 PEDOT 薄膜及其 TE 性能

6.1　引　言

　　聚合物的热导率较为稳定,并不随氧化还原程度发生剧烈变化。而电导率则不然,从中性态到氧化掺杂态,其电导率的变化高达几个数量级。因此,通过调节聚合物的氧化掺杂程度,协调电导率和 Seebeck 系数的关系,使其功率因子达到最优值,进而达到提高热电性能的目的。大量文献报道[78,134-137]通过后处理调节 PEDOT 的氧化掺杂程度是提高其热电性能的一个有效途径。如 Bubnova 等用四(二甲胺基)乙烯蒸气处理 Tos 掺杂的 PEDOT 薄膜得到氧化掺杂程度不同的 PEDOT 薄膜。当氧化程度从 36% 降低到 15% 时,电导率从 300 S/cm 降低到 6×10^{-4} S/cm,Seebeck 系数从 40 μV/K 增加到 780 μV/K。通过调节合适的氧化掺杂程度,PEDOT 室温时的 ZT 值可达 0.25。Park 等采用电化学法后处理的 PEDOT – Tos 薄膜,使其进行适当的氧化掺杂,最后得到的功率因子高达 1 270 μW/(m·K²)。2013 年,Kim 等报道了用二甲基亚砜(DMSO)处理 PEDOT:PSS 薄膜,最后其 ZT 值达到 0.42,这是至今报道的有机热电材料最高的 ZT 值。随后,越来越多的研究人员开始关注有机热电材料的研究,尤其是通过后处理进一步提高有机热电材料的性能。如 Culebras 等采用电化学方法用多种反离子掺杂 PEDOT,其中双(三氟甲基磺酰基)亚胺掺杂的 PEDOT 具有最佳的热电性能,最大 ZT 值为 0.22。Lee 等先用对甲苯磺酸的 DMSO 溶液掺杂 PEDOT:PSS 薄膜,随后将掺杂的薄膜用联氨 DMSO 混合溶液去掺杂,通过控制混合溶液中联氨的浓度来调控掺杂程度,获得最大 ZT 值为 0.31。可见,对导电聚合物采取适当的掺杂可以显著提高热电性能。

因此,本章我们利用有机还原剂抗坏血酸(VC)进行后处理,通过调节 PEDOT 的氧化掺杂程度,改变聚合物链中的载流子类型,通过协调电导率和 Seebeck 系数,最终达到提高 ZT 值的目的。选择抗坏血酸作为 PEDOT 的还原剂,是因为它是一种温和的还原剂和食品抗氧化添加剂,对人体无毒无害。通过抗坏血酸还原 PEDOT 不会产生有毒物质和污染物。

6.2　实验过程

6.2.1　实验原料

抗坏血酸 $[VC(C_6H_8O_6) \geqslant 99.7]$ 购自于国药集团化学试剂有限公司。其余实验中所用到的有关试剂及其纯度和来源见本书第 2 章 2.2.1部分表 2-1。

6.2.2　样品的制备

(1)首先利用 VPP 法制备 PEDOT – Tos – PPP 薄膜,氧化剂 $Fe(Tos)_3$、三嵌段共聚物 PPP 分别溶解在正丁醇和乙醇的混合溶液中(质量比为 1:1),其浓度均为 20%,不同之处是在氧化剂溶液中加入抑制剂吡啶(Py)。具体实验过程同第 4 章所述,在此不做重复叙述。

(2)分别配制浓度为 5%、10%、15%、20%、25%、30%、35%、40% 的 VC 水溶液,待用。

(3)VC 水溶液后处理:将 VPP 法沉积在基板上的高电导 PEDOT – Tos – PPP 薄膜浸入盛有 VC 水溶液的烧杯中,放置于 120 ℃的热板上处理 15 min 左右,将样品从 VC 水溶液中取出,待其冷却至室温,将其分别浸泡在盛有去离子水和无水乙醇的烧杯中,对 PEDOT 薄膜进行清洗。最后用吹风机将薄膜吹干。干燥后将样品分别存放在充有氮气、真空及大气的环境中,进行表征及性能测试。

6.2.3　样品表征和性能测试方法

采用 Dektak 150 台阶仪测量薄膜的厚度。采用 FESEM 测试薄膜表面形貌,采用 Raman、UV–Vis–NIR、XPS 等对 PEDOT 分子结构、载流子类型及组分变化进行测试,样品电导率、Seebeck 系数和热导率测试及仪器同本书第 2 章的 2.2 节,在此不再赘述。

6.3　结果与讨论

6.3.1　热电性能测试

图 6-1 为 PEDOT–Tos–PPP 薄膜经过不同浓度的 VC 水溶液后处理室温下的电导率、Seebeck 系数及功率因子的变化曲线。从图中可以看到,随着 VC 水溶液浓度的增加(0—40%)电导率呈现降低的趋势,由 1 530 S/cm 降低至 196 S/cm,而 Seebeck 系数呈现相反的趋势,由 14.6 μV/K 上升至 38 μV/K,功率因子在 VC 水溶液浓度为 20 % 处呈现最大值 55.6 μW/(m·K^2),是处理之前[32.6 μW/(m·K^2)]的 1.7 倍。

由于 VC 的还原性较弱且在空气中的稳定性差,导致还原后的样品放置于空气中其 TE 性能发生改变,图 6-2 研究了后处理样品(后处理 VC 水溶液浓度为 20%,处理时间为 15 min)在空气中的稳定性问题。

从图 6-2 中可以看到其性能发生改变分为两个阶段:第一阶段即刚处理完成的样品放置于空气中,其电导率很快由 622 S/cm 上升至 1 000 S/cm,相反地,Seebeck 系数很快由 29.9 μW/K 下降至 24.2 μW/K,导致其功率因子略微上升,由原来的 55.6 μW/(m·K^2)上升至 58.5 μW/(m·K^2),其原因可能是薄膜表面还原态的 PEDOT 被空气中的氧气氧化,导致聚合物链结构中的载流子浓度增加(见图 6-4 UV–Vis–NIR 分析结果),因此电导率逐渐增大,Seebeck 系数逐渐减小;第二阶段,即放置于空气中 2 d 后,其性能趋于稳定,电导率维持在 1 150 S/cm 左右,Seebeck 系数基本恒定于 21 μW/K 左右,原因可能是

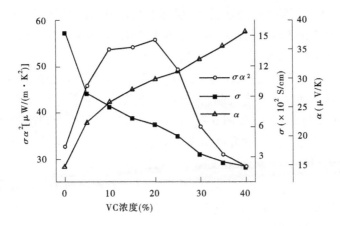

图 6-1　PEDOT – Tos – PPP 薄膜经过不同浓度的
VC 水溶液后处理室温下 (295 K) 的 TE 性能

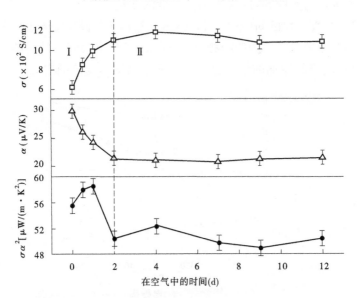

图 6-2　PEDOT – Tos – PPP 薄膜经过 20% VC 水溶液
处理后在空气中的稳定性

被 VC 还原的 PEDOT 薄膜,最上层与空气接触,被空气中的氧气氧化形成氧化态的 PEDOT,这层氧化态的 PEDOT 成为保护膜,阻碍了薄膜内部的 PEDOT 发生进一步的氧化。

为了探索 VPP 法制备的 PEDOT – Tos – PPP 及经过还原剂 VC 水溶液处理后薄膜的导电机制,我们在真空条件下对其进行了变温测试(从 294 K 到 364 K),如图 6-3(a)所示。从图中可以看到这两个样品的电导率均随着温度的升高呈现下降趋势,显示出金属或重掺杂半导体的导电行为,这一结果和文献中报道的结果一致。图 6-3(a)中的插图显示了 $\ln(\sigma)$ 与 $T^{-1/4}$ 的关系,从图中可以看到这两个样品在 294 K 到 364 K 范围呈现出的线性均较好,表明这两个样品在室温附近符合变程跃迁的导电机制。

图 6-3(b)为未处理和经过 20% VC 水溶液处理后放置空气中 2 d 后 PEDOT 薄膜的 Seebeck 系数随温度的变化关系。从图中可以看到,在整个温度变化区间(294 K 到 364 K),这两个样品均随着温度的升高 Seebeck 系数呈现增加的趋势,且经过 20% VC 水溶液处理后的样品较未处理的样品增加的幅度更大。在整个测试温度范围内,经过 VC 水

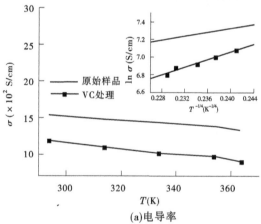

(a)电导率

图 6-3　未处理和经过 20% VC 水溶液处理后放置空气中
2 d 后电导率、Seebeck 系数和功率因子随温度变化的关系

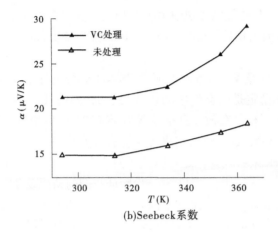

(b)Seebeck系数

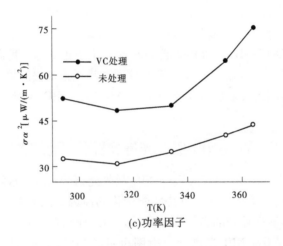

(c)功率因子

续图 6-3

溶液处理后 PEDOT 薄膜的功率因子较未处理的大,在 364 K 时,功率因子达到 75.2 μW/(m · K²)[见图 6-3(c)]。

　　未处理和经过 20% VC 水溶液处理后 PEDOT – Tos – PPP 薄膜的热导率分别为(0.495 ± 0.005)W/mK 和(0.528 ± 0.005) W/mK。经过 20% VC 水溶液处理后 PEDOT 薄膜的热导率有所升高。本实验中利用 VPP 法制备的 PEDOT 薄膜其热导率虽然较商用的 PEDOT:PSS

薄膜高,但是与传统的无机热电材料相比要低很多。基于以上测试,经过 VC 水溶液处理后 PEDOT – Tos – PPP 薄膜室温(304 K)时的 ZT 值为 0.032。

为了验证经 VC 水溶液处理后 PEDOT 薄膜电导率和 Seebeck 系数在空气中不稳定是由空气中的氧气引起的,随后我们将经 VC 水溶液处理后的新鲜样品存放在真空或 N_2 中保存 24 h,取出后立即进行电导率及 Seebeck 系数的测试,结果显示储存在真空和 N_2 中的样品其电导率及 Seebeck 系数较为稳定。因此我们认为空气中的氧气对还原态的 PEDOT 有一定的影响。为了进一步验证我们的猜想及 TE 性能所发生的一系列变化的原因,随后我们做了一些光谱及形貌的表征。

另外,我们对 VC 水溶液处理前后的 PEDOT 薄膜进行了厚度测试。结果显示未处理和经过 20% 的 VC 水溶液处理后 PEDOT – Tos – PPP 薄膜的厚度由(110 ± 5)nm 减小至(80 ± 5) nm,即经过 VC 水溶液处理后 PEDOT – Tos – PPP 薄膜的厚度减小了近 30%,我们猜测可能是绝缘物质 PPP 或是 Tos 又或者是这两种物质都被去除导致的。为了证实我们的想法,随后做了 FESEM、UV – Vis – NIR、XPS、Raman 等测试表征。

6.3.2　UV – Vis – NIR 吸收光谱分析

我们进一步通过 UV – Vis – NIR 吸收光谱分析 VC 水溶液后处理样品放置于空气中一段时间其性能变化的原因。图 6-4 为未处理、经过 VC 水溶液后处理的新鲜样品及后处理的样品在空气中放置一段时间的 UV – Vis – NIR 光谱图。由图可见,VPP 法制备的未经处理的 PEDOT – Tos – PPP 薄膜在近红外区(>1 250 nm)有很宽的吸收,在 200 nm 处有一个吸收峰;经过 VC 水溶液处理后的新鲜样品,在近红外区(>1 250 nm)的吸收强度降低,且在 600 nm、910 nm 处分别出现两个吸收峰,在 200 nm 处的吸收强度降低;经 VC 水溶液处理后的样品放置于空气中一段时间,在 600 nm 处的吸收强度开始降低,而 910 nm 处的吸收强度逐渐增强。我们知道,200 nm 处的吸收峰由掺杂离子 Tos⁻ 苯环引起,600 nm 处的特征吸收峰来源于 PEDOT 中性态 $\pi - \pi^*$

电子跃迁,910 nm 处的吸收峰来源于 PEDOT$^+$ 极化子吸收峰,近红外区(>1 250 nm)较宽的吸收来源于 PEDOT^{2+} 双极化子的吸收,且吸收强度与载流子浓度成正比,即如果 910 nm 处的吸收强度越强,则 PEDOT 中极化子的浓度越高。因此,我们认为 VPP 法制备的PEDOT – Tos – PPP 薄膜处于重掺杂状态,PEDOT 链结构中存在大量的载流子——极化子和双极化子,而经过具有还原性的 VC 水溶液浸泡,使 PEDOT – Tos – PPP 薄膜发生去掺杂,对阴离子 Tos$^-$ 部分被去除,聚合物链结构中的载流子由双极化子转化为极化子,甚至一部分转化为中性态的孤子,使其氧化态减少,中性态增加。然而经 VC 水溶液后处理的样品放置于空气中一段时间,其在 600 nm 处的吸收强度逐渐降低,而 910 nm 处的吸收强度逐渐增强,表明聚合物链结构中的孤子又转化为了(双)极化子。由于聚合物链上极化子或双极化子浓度的增大导致其电导率升高。为了进一步弄清其载流子类型发生改变的原因,我们进一步做了 XPS 分析。

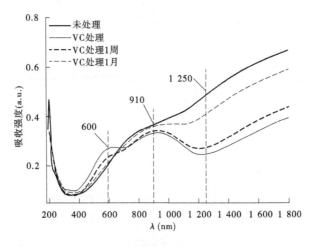

图 6-4 未处理、经过 VC 水溶液后处理的新鲜样品及后处理的样品在空气中放置一段时间的 UV – Vis – NIR 光谱图

6.3.3　XPS 吸收光谱分析

我们对 VPP 法制备的 PEDOT – Tos – PPP 薄膜、经过 VC 水溶液后处理的新鲜样品及后处理样品在空气中放置一段时间后分别进行了 XPS 分析。图 6-5 为 VPP 法制备的 PEDOT 薄膜经过 VC 水溶液处理

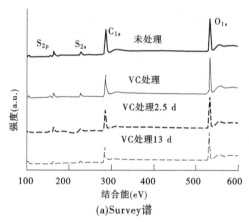

(a)Survey谱

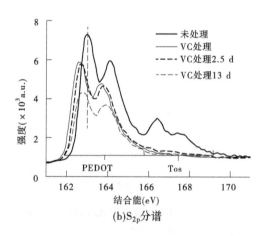

(b)S_{2p}分谱

图 6-5　VPP 法制备的 PEDOT – Tos – PPP 薄膜、经过 VC 水溶液后处理的新鲜样品及后处理的样品在空气中放置一段时间后的 XPS 分析

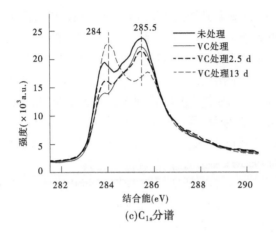

(c)C$_{1s}$分谱

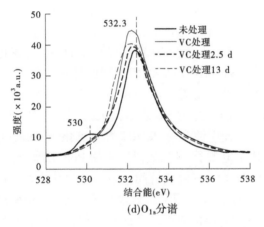

(d)O$_{1s}$分谱

续图 6-5

前后的 XPS 结果,从 Survey 谱图中我们可以看到 4 个主要的峰分别为
S$_{2p}$(163 eV)、S$_{2s}$(227 eV)、C$_{1s}$(284.5 eV)、O$_{1s}$(532 eV)。

　　随后我们详细分析了高分辨 S$_{2p}$、C$_{1s}$ 及 O$_{1s}$ 的分谱。对于 VPP 法制
备的 PEDOT 薄膜的 S$_{2p}$分谱而言,从图中可以看到 S$_{2p}$分谱主要包括两
种形式的硫,其中较低结合能部分(162 ~ 165.5 eV)为 PEDOT 链骨架
中的 S,较高结合能部分(165.5 ~ 169 eV)为掺杂离子 Tos$^-$ 中的 S,来
自于氧化剂 Fe(Tos)$_3$,它作为对阴离子掺杂在导电聚合物 PEDOT 中。

从 S_{2p} 分谱中我们观察到经过 VC 水溶液处理后,掺杂离子 Tos^- 的吸收峰消失,表明掺杂离子 Tos^- 被去除。由于 XPS 的探测深度只有几纳米,因此并不能说明薄膜中 Tos^- 被完全去除。结合 UV – Vis – NIR 吸收光谱(见图 6-4)的结果,表明经过 VC 水溶液处理后并没有完全去除 Tos^- 离子;另外,从图中还可以看到 VC 水溶液处理后的样品其 S_{2p} 峰位向低结合能方向偏移,且经过后处理的样品,放置于空气中一段时间后,随着放置时间的延长,其 S_{2p} 峰位又逐渐向高结合能方向偏移。Sarah 等认为 PEDOT 中 S 原子的结合能随其氧化态的增多而增大,表明经过还原剂 VC 水溶液处理后 PEDOT 的氧化态降低;处理后的样品放置于空气中一段时间,随着放置时间的延长,其 S_{2p} 峰位又逐渐向高结合能方向偏移,表明存放在空气中的样品可能受空气中氧气的影响,使其氧化态又逐渐增加。其原因可能是:VPP 法制备的 PEDOT – Tos – PPP 薄膜在具有还原性的 VC 水溶液中浸泡时发生去掺杂过程——去除对阴离子 Tos^-,PEDOT 链结构中的一部分氧化态转变为中性态。结合 UV – Vis – NIR 结果,后处理的样品放置于空气中一段时间,PEDOT 链结构中的载流子逐渐由孤子转化为极化子或双极化子。因此,我们认为可能是经过 VC 水溶液处理后的 PEDOT,放置于空气中,空气中的氧气使中性态的 PEDOT 发生氧化,即从聚合物链结构中移去电子,形成正电孤子,且三嵌段共聚物 PPP 去除(见图 6-7 FESEM 照片),有利于 PEDOT 链内或链间正电孤子发生离域,这些离域的正电孤子与中性孤子相互作用又形成极化子。导致 PEDOT 掺杂程度增加即氧化态增多,S_{2p} 峰位向高结合能方向偏移,这也解释了为何放置于空气中一段时间后样品电导率增加。

对于高分辨 C_{1s} 分谱而言,VPP 法制备的 PEDOT – Tos – PPP 薄膜未经处理,在上一章已经有介绍,简单来讲,即较弱的峰(284 eV)归属于 PEDOT 中 C – S/C – C 间的键合,较强的峰(285.5 eV)归属于 PEDOT 中 C – O – C/C = C – O 间的键合。经过 VC 水溶液处理后,归属于 PEDOT 中 C – O – C/C = C – O 键相对于 C – S/C – C 键含量增多,原因可能是 VC 水溶液是一种含有 C、H、O 元素的高分子,其结构中的二烯醇基具极强的还原性,不断向 PEDOT 链中注入电子,使聚合物链发生去掺杂由氧化态转变为中性态,同时 VC 被氧化为脱氢 VC^-,在酸性环境中 VC^- 可能与氧化态 PEDOT 中的 Tos^- 发生离子交换存在于 PEDOT 链结构中,从而导致 C＝C－O/C－O－C(285.5 eV)的峰强增大。从图 6-5(c)中 C_{1s} 分谱还可以看到,VC 水溶液后处理的样品放置于空气中一段时间,随着放置时间的延长 C＝C－O/C－O－C 键(285.5 eV)相对含量逐渐减少,相反 C－S/C－C 间的键合(284 eV)相对含量逐渐增加。原因可能是:一方面,脱氢 VC^- 在空气中不稳定导致 C＝C－O/C－O－C 键相对含量减少;另一方面,中性态的 PEDOT 在空气中的不稳定性,易被空气中的氧气氧化形成氧化态,导致 C－S/C－C 间的键合相对含量逐渐增加。

　　对于高分辨 O_{1s} 分谱而言,VPP 法制备的 PEDOT－Tos－PPP 薄膜未经处理,图中显示有两个峰分别为 530 eV 和 532.3 eV,其中较弱的峰(530 eV)归属于 PEDOT 中掺杂离子 Tos 中的 SO_3 的吸收峰;较强的峰归属于 PEDOT 中 C－O－C 间的键合。经过 VC 水溶液处理后的样品,530 eV 处的峰位消失,表明掺杂离子 Tos^- 被去除,这与 S_{2p} 的分析结果相一致;另外,532.3 eV 处的峰位向低能量偏移至 532.1 eV,且峰强增强,峰位的偏移表明三嵌段共聚物 PPP 被去除,其峰强增强,与 C_{1s} 的结果相对应(C－O－C/C＝C－O 间的键合峰强增强),可能是去氢 VC^- 存留在 PEDOT 链结构中导致。而 VC 水溶液处理后的样品放置于空气中一段时间,532.1 eV 处的峰强先减弱,随后随放置空气中时间的延长其峰宽加大。原因可能是去氢 VC^- 在空气中的稳定性较差,从链结构中逐渐游离出去导致其峰强减弱。中性态 PEDOT 被空气中的氧气氧化,氧气参与导致其峰宽加大。这与之前 C_{1s} 的分析结果吻合。

　　我们采用 XPS 方法分析了放置不同时间后膜的组分,发现随着时间的增加,薄膜 C_{1s} 及 O_{1s} 吸收峰有较大程度的变化。表明 VC 水溶液后处理的样品在空气中不够稳定,从而导致 TE 性能的不稳定。推测导致经 VC 水溶液后处理的 PEDOT 薄膜放置在空气中其组分发生变化的原因,我们认为主要有以下两点:①脱氢 VC^- 在空气不稳定导致 C＝C－O/C－O－C 键相对含量减少;②中性态的 PEDOT 在空气中也不稳定性,易被空气中的氧气氧化形成氧化态,导致 C – S/C – C 间的键合相对含量逐渐增加。

6.3.4　Raman 光谱分析

图 6-6 为未处理、经过不同浓度的 VC 水溶液处理后 PEDOT – Tos – PPP 薄膜的 Raman 光谱。依据文献[131]报道,最强的特征峰1 434 cm^{-1}为 PEDOT 结构中 $C_\alpha = C_\beta$(– O)的对称伸缩振动峰,其右侧 1 511 cm^{-1}为 $C_\alpha = C_\beta$ 面内反对称伸缩振动特征峰;左侧 1 365 cm^{-1}和 1 267 cm^{-1}分别为 $C_\beta – C_\beta$ 的对称伸缩振动和环内 $C_\alpha – C_{\alpha'}$的伸缩振动特征峰;990 cm^{-1}对应氧乙烯环的变形振动。经过 VC 水溶液处理后最强特征峰 1 434 cm^{-1}的峰位向低波数偏移(红移)至 1 431 cm^{-1}(见图6-6 中插图),1 122 cm^{-1}和 1 552 cm^{-1}特征峰消失。这些变化表明:经过 VC 水溶液处理后 PEDOT 发生了去掺杂过程,氧化程度降低[PEDOT 由(双)极化态变为中性态]。另外,三嵌段共聚物 PPP 在 1 510 cm^{-1} 左右存在拉曼特征峰,经过 VC 水溶液处理后,PEDOT 中$C_\alpha = C_\beta$ 面内

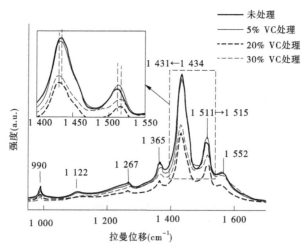

图 6-6　未处理、经过不同浓度的 VC 水溶液处理后
PEDOT – Tos – PPP 薄膜的 Raman 光谱图

反对称伸缩振动特征峰 1 511 cm^{-1}的峰位向高波数偏移且峰宽变窄,表明 PPP 被去除,这一结论与 XPS 分析结果是一致的。

6.3.5 形貌分析

　　形貌对聚合物中载流子的传输有重要的影响作用,而薄膜的表面结构在一定程度上能够反映出材料的内部结构。图 6-7 为 VPP 法制备的 PEDOT – Tos – PPP 薄膜、经过 VC 后处理的新鲜薄膜、处理后的样品放置于空气中一段时间的 FESEM 照片。从图 6-7(a)中可以看到未处理的薄膜由大量的小的球形颗粒组成,且这些小颗粒团聚在一起,在其表面形成很多的大凸起(岛状结构);从图 6-7(b)、(c)中可以看到经过 VC 处理后其表面大量的凸起消失,薄膜表面变的更为平坦,且小颗粒边界清晰。表明经过 VC 处理后样品表面形貌发生巨大的改变,大凸起消失,原因可能是 PEDOT 与三嵌段共聚物 PPP 之间的作用力是很弱的范德华力,在酸性的 VC 水溶液中,两者很容易分离,由于 PEDOT 是疏水性的,而 PPP 是两亲性的,能够溶于 VC 水溶液中,在随后薄膜的清洗过程能够除去三嵌段共聚物 PPP。因此,我们认为经过

(a)PEDOT–Tos–PPP薄膜

图 6-7　VPP 法制备的 PEDOT – Tos – PPP 薄膜、经过 VC 后处理的新鲜样品及后处理的样品在空气中放置一段时间后的 FESEM 照片

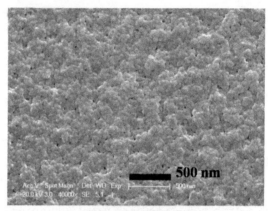

(b)经过VC后处理的新鲜样品

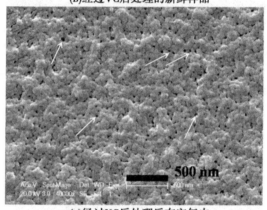

**(c)经过VC后处理后在空气中
放置一段时间后的样品**

续图 6-7

VC 处理后,在聚合 PEDOT 时作为软模板的三嵌段共聚物 PPP 被去除,导致聚合物 PEDOT 链结构重新排列,由卷曲结构变为伸展结构,因此其表面变的平坦。VC 处理的新鲜样品如图 6-7(b)所示,放置于空气中一段时间如图 6-7(c)所示,可以看到处理后的样品放置于空气中一段时间薄膜表面出现大量的孔洞。产生这种现象可能的主要原因是:VC 处理的新鲜样品发生掺杂 Tos⁻ 被去除,但同时大量的去氢 VC⁻存留在 PEDOT 链结构中,所以图 6-7(b)中看不到孔洞,由于 VC 水溶液在空气中不稳定,导致其逐渐从聚合物链结构中游离出去,因此随着放置空气中时间的延长,其表面出现大量的孔洞[见图 6-7(c)箭头],从而导致 VC 处理后的样品在空气中的热电性能不稳定。

6.4　本章小结

　　本章利用有机还原剂 VC 水溶液后处理 VPP 法制备的 PEDOT - Tos - PPP 薄膜,使其发生去掺杂。VC 是一种具有生物相容性、环境友好的还原剂,通过化学方法还原重掺杂的 PEDOT - Tos - PPP 薄膜,使其达到适当的氧化掺杂水平,最终导致热电性能得到一定程度的提高。该方法具有绿色环保、简便易行且能够规模化生产的优势,不仅拓展了还原 PEDOT 薄膜的方法,而且证实和完善了 PEDOT 发生氧化还原的机制,将启发更多研究人员利用有机还原剂去提高 PEDOT 热电性能的研究。

　　本章主要研究了 VC 水溶液浓度对 PEDOT - Tos - PPP 薄膜热电性能的影响,同时研究了后处理薄膜在空气中的稳定性,通过一些光谱(如 UV - Vis - NIR 吸收、Raman、XPS 等)和形貌(如 FESEM)等表征手段分析了空气中的氧气对 PEDOT 薄膜中的组分及氧化掺杂程度的影响。得出以下结论:

　　随着 VC 浓度的增加(0—40%)PEDOT 薄膜的电导率呈现逐渐降低的趋势,由 1 530 S/cm 降低至 196 S/cm,而 Seebeck 系数呈现相反的趋势,由 14.6 μV/K 上升至 38 μV/K,功率因子在 VC 水溶液浓度为 20% 处呈现最大值 55.6 μW/(m·K^2),而后处理样品的热导率略微有些上升,由 0.495 W/(m·K)上升至 0.528 W/(m·K),室温下最大的 ZT 值为 0.032。

　　经过 VC 处理后 PEDOT 薄膜的电导率和 Seebeck 系数在空气中表现出不稳定的特性,主要是由空气中的氧气导致薄膜表面中性态 PEDOT 进一步发生氧化引起的。

　　结合以上实验结果和表征数据,我们认为虽然经 VC 处理的 PEDOT 薄膜存放在空气中其电导率和 Seebeck 系数不够稳定,但是从其功率因子来看其 TE 性能变化不大,均优于 VPP 法制备的 PEDOT – Tos – PPP 薄膜。

通过本章的分析可知,选择具有还原性的化学试剂对 VPP 法制备的 PEDOT 薄膜进行后处理,使其发生去掺杂过程,通过进一步提高 Seebeck 系数的方式,使 PEDOT 薄膜的 TE 性能得到一定程度的提高。相比第 5 章用 H_2SO_4 后处理 VPP 法制备的 PEDOT 薄膜,通过提高电导率的方式去改善 PEDOT 薄膜的 TE 性能有了大幅度的提高。因此,可以看出,调节 PEDOT 薄膜的氧化掺杂程度对于提高其热电性能具有重要意义。

第 7 章　氢碘酸后处理 VPP 法制备的 PEDOT 薄膜及其 TE 性能

7.1　引　言

在本书第 6 章中我们通过有机还原剂 VC 后处理 VPP 法制备的 PEDOT – Tos – PPP 薄膜,使其发生去掺杂,导致 Seebeck 系数与电导率反向变化,其原因是 VPP 法制备的 PEDOT – Tos – PPP 薄膜氧化掺杂程度很高,导致聚合物链结构中的载流子浓度很高,大大提了 PEDOT 薄膜的电导率,但是 Seebeck 系数降低。因此,我们通过去掺杂的方法,使其达到合适的掺杂程度,实现了 PEDOT 薄膜 TE 性能的提高。

早在 1977 年白川英树与美国化学家艾伦·黑格(A. J. Heeger)及艾伦·麦克迪尔米德(A. G. MacDiarmid)等合作发现经五氟化砷(AsF$_5$)或者碘掺杂后聚乙炔薄膜的电导率提高了 10^9 倍,达到 1×10^3 S/cm,超过了此前所有聚合物。因此,碘的掺杂有利于聚合物电导率的提高。2010 年,裴嵩峰等采用氢碘酸(HI 酸)还原氧化石墨烯,不仅去除了氧化石墨烯中的各种含氧官能团,同时有少量的碘掺入石墨烯中,得到了相比其他还原剂(如水合肼等)高电导率的石墨烯,并且经过长时间的高温处理,仍能保持较高的电导率,他们认为掺入的碘与石墨烯之间有强烈的相互作用,导致碘在石墨烯中稳定存在。因此,本章我们采用 HI 酸还原 VPP 法制备的 PEDOT – Tos – PPP 薄膜,使其发生去掺杂过程,提高 PEDOT 薄膜的 Seebeck 系数,同时若能同 HI 酸还原氧化石墨烯一样,碘掺入 PEDOT 链结构中,使其电导率不会大幅度下降,有望进一步提高 PEDOT 薄膜的热电性能。

本章主要研究了后处理试剂 HI 酸浓度对掺杂态 PEDOT – Tos – PPP 薄膜热电性能的影响,通过 Raman、UV – Vis – NIR 及 XPS 等表征,揭示 HI 酸水溶液对 PEDOT 薄膜中分子结构及组分的影响机制,最终获得优化的处理工艺,达到提高 PEDOT 薄膜热电性能的目的。

7.2 实验过程

7.2.1 实验原料

氢碘酸(HI 酸,55%)购自于 Alfa 化学试剂有限公司。其余实验中所用到的有关试剂及其纯度和来源见本书第 2 章 2.1.1 部分表 2-1。

7.2.2 样品制备

(1)首先利用 VPP 法制备 PEDOT – Tos – PPP 薄膜,氧化剂 Fe(Tos)$_3$、表面活性剂三嵌段共聚物 PPP 分别溶解在正丁醇和乙醇的混合溶液中(质量比为 1:1),其浓度均为 20%,不同之处是在氧化剂溶液中加入抑制剂吡啶(Py)。具体实验过程同第 4 章所述,在此不做重复叙述。

(2)配制不同浓度(1%,5%,10%,20%,30%,和40%)的 HI 酸水溶液,待用。

(3)HI 酸水溶液后处理:将 VPP 法沉积在基板上的高电导PEDOT – Tos – PPP 薄膜浸入盛有不同浓度 HI 酸水溶液的避光瓶中密封后,放置于 60 ℃热板上处理,浸泡 5 min 左右,将样品从 HI 酸水溶液中取出,将其分别浸泡在盛有去离子水和无水乙醇的烧杯中,对 PEDOT 薄膜进行清洗。用吹风机将薄膜吹干。干燥后的样品存放在空气中,注意要避光。

另外,后处理温度不宜超过 60 ℃,进一步提高温度,导致 PEDOT 薄膜与基板完全脱离。由于 VPP 法制备的 PEDOT 薄膜厚度在 100 ~ 200 nm,脱离的薄膜再次附着到基板上容易出现褶皱甚至破损。

7.2.3 样品表征和性能测试

UV – Vis – NIR 采用日本岛津公司生产的 UV –22501PC 紫外 – 可

见光 – 近红外分光光度仪测试,采用台阶仪测量薄膜的厚度,采用 FESEM 测试薄膜表面形貌,采用 Raman、XPS 等对 PEDOT 分子结构及组分变化进行测试。样品电导率、Seebeck 系数和热导率测试仪器同第 2 章的 2.2 节,在此不再赘述。

7.3　结果与讨论

7.3.1　热电性能测试

图 7-1 为 VPP 法制备的 PEDOT – Tos – PPP 薄膜经过不同浓度的 HI 酸处理后的电导率、Seebeck 系数及功率因子的变化曲线,其中处理时间为 5 min,温度为 60 ℃。从图中可以看出随着 HI 酸水溶液浓度的增加,薄膜在室温下的电导率逐渐增大(从 1 532 S/cm 上升至 1 920 S/cm),而 Seebeck 系数呈现先升高后降低的趋势(从 14.86 μV/K 上升至 20.3 μV/K,随后又降至 17.1 μV/K),功率因子在 HI 酸水溶液浓度为 5% 时呈现最大值 68.59 μW/(m · K^2),是处理之前(33.82 μW/(m · K^2))的 2.0 倍。Seebeck 系数呈现先升高后降低的趋势,原因可能是:PEDOT – Tos – PPP 薄膜经过 HI 酸处理后,具有还原性的 HI 酸向 PEDOT 分子链中注入电子,使其发生去掺杂(去除 Tos$^-$)过程,导致聚合物链结构中的载流子浓度大大减小;另外绝缘物质 PPP 的去除(见后面的形貌、组分及结构分析),导致载流子迁移率提高,致使 PEDOT 薄膜 Seebeck 系数得到提高;当 HI 酸的浓度逐渐增大时,大量的碘离子作为掺杂离子进入 PEDOT 链结构中,导致电导率进一步增加,Seebeck 系数出现下降的趋势。

为了探索 VPP 法制备的 PEDOT – Tos – PPP 及经过 HI 酸处理后薄膜的导电机制,我们对 HI 酸处理前后的 PEDOT – Tos – PPP 薄膜进行了变温性能测试(从 294 K 到 364 K),如图 7-2 所示。从图 7-2(a) 中可以看到这两个样品的电导率均随着温度的升高呈现下降趋势,并且经过 HI 酸处理后的样品下降幅度比较大,两者均显示出金属或重掺杂半导体的导电行为,这一结果和文献[103]中报道的结果一致。

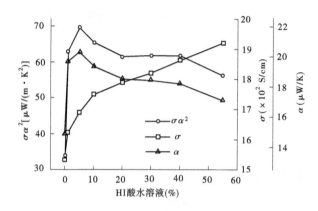

图 7-1　PEDOT – Tos – PPP 薄膜经过不同浓度的
HI 酸水溶液后处理室温下（295 K）的 TE 性能

图 7-2（a）中的插图显示了 $\ln(\sigma)$ 与 $T^{-1/4}$ 的关系,从图中可以看到这两个样品在 294 K 到 364 K 范围呈现出的线性均较好,表明这两个样品在室温附近符合变程跃迁的导电机制。

　　图 7-2（b）为经过 5% HI 酸处理前后 PEDOT – Tos – PPP 薄膜的 Seebeck 系数随温度的变化关系,从图中可以看到,在整个温度变化区间（294 K 到 364 K）,这两个样品均随着温度的升高 Seebeck 系数呈现增加的趋势,且经过 5% HI 酸处理后的样品较未处理的样品增加的幅度更大。在整个测试温度范围内,经过 HI 酸处理后 PEDOT 薄膜的功率因子较未处理的大,在 364 K 时,功率因子达到 88.6 $\mu W/(m \cdot K^2)$ 〔见图 7-2（c）〕。

　　未处理和经过 5% HI 酸处理后 PEDOT – Tos – PPP 薄膜的热导率分别为（0.495 ± 0.005）W/mK 和（0.563 ± 0.005）W/mK。经过 5% HI 酸处理后 PEDOT 薄膜热导率略微上升。本实验中利用 VPP 法制备的 PEDOT 薄膜的热导率虽然较商用的 PEDOT:PSS 薄膜高,但是与传统的无机热电材料相比要低很多。基于以上测试,经过 5% HI 酸处理后 PEDOT – Tos – PPP 薄膜室温（304 K）时的 ZT 值为 0.04。

　　另外,我们对 HI 酸处理前后的 PEDOT 薄膜进行了厚度测试。结果显示,未处理和经过 5% HI 酸处理后 PEDOT – Tos – PPP 薄膜的厚度由（100 ± 5）nm 减小至（80 ± 5）nm，即薄膜的厚度减小了 20%，我们猜测原因可能是绝缘物质 PPP 被去除导致的。为了证实我们的想法，随后做了 FESEM、UV – Vis – NIR、XPS、Raman 等测试表征。

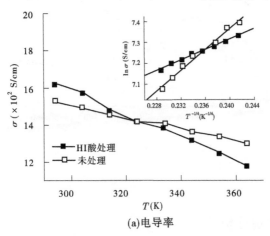

(a)电导率

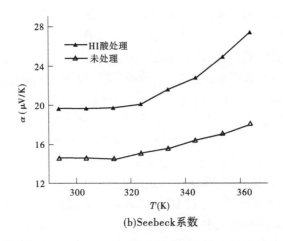

(b)Seebeck系数

图 7-2　未处理和经过 5% HI 酸水溶液处理后 PEDOT – Tos – PPP 薄膜
电导率、Seebeck 系数和功率因子随温度变化的关系

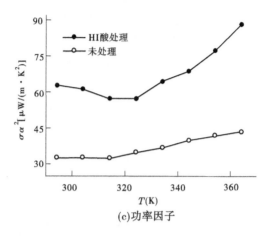

(c)功率因子

续图 7-2

7.3.2 形貌分析

图 7-3 为 VPP 法制备 PEDOT – Tos – PPP 薄膜、经过 HI 酸后处理薄膜的 FESEM 照片。从图 7-3(a)中可以看到未处理的薄膜由大量的小球形颗粒组成,且这些小颗粒有很多团聚在一起,在其表面形成聚集体即有很多凸起存在。经过 HI 酸处理后[见图 7-3(b)],其表面的凸起消失,薄膜表面变的均匀平整,且出现很多孔洞[见图 7-3(b)中箭头]。出现这种现象的原因可能是:①经过 HI 酸处理后的样品表面聚集体(大凸起)消失,表明绝缘物质 PPP 被去除,由于 PEDOT 与三嵌段共聚物 PPP 之间的作用力是很弱的范德华力,在酸性的 HI 酸水溶液中,两者很容易分离,PEDOT 是疏水性的,而 PPP 是两亲性的能够溶于 HI 酸水溶液中,因此,经过 HI 酸处理后三嵌段共聚物 PPP 被去除(这一结果与薄膜厚度减少的结果相一致)。②经过 HI 酸处理后的样品表面出现很多纳米孔洞,原因可能是处理之前 PEDOT 链结构中的掺杂离子是 Tos⁻,经过 HI 酸处理后 PEDOT 链结构中的掺杂离子变为碘离子,由于 Tos 的离子半径远远大于碘离子,导致形成一些空隙。

(a)未处理PEDOT-Tos-PPP薄膜的FESEM照片

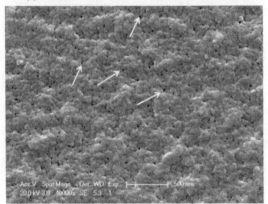

(b)经过HI处理后PEDOT-Tos-PPP薄膜的FESEM照片

图7-3　未处理及经过 HI 酸处理后 PEDOT – Tos – PPP
薄膜的 FESEM 照片

7.3.3　Raman 光谱分析

Raman 光谱是研究共轭聚合物掺杂行为一个很有用的方法。我们利用 Raman 光谱对不同浓度 HI 酸处理后 PEDOT 薄膜发生的变化进行分析。图7-4 中展示了未处理和经过不同浓度的 HI 酸处理后 PEDOT – Tos – PPP 薄膜的 Raman 光谱。依据文献[149]报道,最强的特征峰

1 434 cm^{-1}为 PEDOT 结构中 C$_\alpha$ = C$_\beta$(– O)的对称伸缩振动峰,其右侧
1 511 cm^{-1}为 C$_\alpha$ = C$_\beta$ 面内反对称伸缩振动特征峰;左侧 1 365 cm^{-1}和
1 267 cm^{-1}分别为 C$_\beta$ – C$_\beta$ 的对称伸缩振动和环内 C$_\alpha$ – C$_{\alpha'}$的伸缩振动
特征峰;990 cm^{-1}对应氧乙烯环的变形振动。从图 7-4 中可以看到,经
过不同浓度的 HI 酸处理后主要在 3 个地方发生变化:①107 cm^{-1}出现
了新的特征峰,且随着 HI 酸浓度的增加,峰强增强;②随着后处理溶液
HI 酸浓度的增加,最强特征峰 1 434 cm^{-1}的峰位先向低波数偏移至
1 432 cm^{-1},随后又返回至 1 434 cm^{-1};③1 511 cm^{-1}的峰位向高波数
偏移至 1 515 cm^{-1}(见图 7-4 中插图)。不同浓度的 HI 酸处理后
PEDOT 薄膜 Raman 光谱产生上述变化的原因是:①107 cm^{-1}出现的新
的特征峰是碘离子引起的,表明经过 HI 酸处理后碘离子进入 PEDOT
薄膜中,且随着 HI 酸浓度的增加,碘离子的含量增多;②1 434 cm^{-1}峰
位的偏移,表明经过低浓度的 HI 酸处理后 PEDOT 薄膜发生去掺杂过
程,而随着后处理溶液中 HI 酸浓度的升高,越来越多的碘离子进入

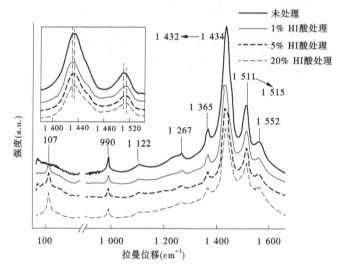

图 7-4　未处理及经不同浓度的 HI 酸处理后
PEDOT – Tos – PPP 薄膜的 Raman 光谱

PEDOT 链结构中,导致 PEDOT 薄膜出现反掺杂过程,其掺杂程度进一步增加;③1 511 cm^{-1}峰位的偏移是三嵌段共聚物 PPP 的去除引起的变化。因此,从 Raman 光谱的分析结果中可以得到经过 HI 酸处理后 PEDOT - Tos - PPP 薄膜中三嵌段共聚物 PPP 被去除(与图 7-3 中 FESEM 的分析结果相一致)。另外,碘离子作为掺杂离子进入 PEDOT 链结构中,且随着 HI 酸浓度的增加,碘离子的含量越多,因此经过 HI 酸处理后 PEDOT 薄膜的电导率增加。

7.3.4　UV - Vis - NIR 吸收光谱分析

图 7-5 为 VPP 法制备的 PEDOT - Tos - PPP 及经过不同浓度的 HI 酸后处理 PEDOT 薄膜的 UV - Vis - NIR 吸收光谱。从图中可以观察到经过 HI 酸处理后,PEDOT 薄膜在紫外区 200 nm 处的吸收峰强度降低,而在 293 nm 及 383 nm 处出现新的吸收峰,并且随着 HI 酸浓度的增大峰强逐渐增强。产生这种现象可能的原因是:①之前有报道 200 nm 处的吸收峰归属于 PEDOT 链结构中掺杂离子 Tos$^-$内苯环的吸收,经过具有还原性的 HI 酸处理后,PEDOT 薄膜中的掺杂离子 Tos$^-$含量减少,导致 200 nm 的吸收峰强度降低;②Zhan 等报道 293 nm 及 383 nm 处的吸收峰为碘离子的吸收峰。因此,我们认为经过 HI 酸处理后,碘离子作为掺杂离子进入 PEDOT 链结构中,并且随着 HI 酸浓度的增大 PEDOT 中碘离子的含量逐渐增多。

图 7-5 中还可以看到经过 HI 酸处理后,随着 HI 酸浓度的增加 PEDOT 薄膜在可见光部分 600 nm 处的吸收强度呈现先增大后降低的趋势,而在近红外区(>900 nm)处的吸收强度呈现相反的趋势,先降低后增大。表明经过 HI 酸处理后,随着 HI 酸浓度的增加,聚合物链结构中的载流子类型发生了变化。PEDOT - Tos - PPP 薄膜经过低浓度的 HI 酸处理后,聚合物链结构中的极化子和双极化子数量大大减少,而随着后处理溶液中 HI 酸浓度的增加,聚合物链结构中的极化子和双极化子数量又逐渐增多。由此可见,后处理溶液中 HI 酸浓度对 PEDOT 薄膜影响很大,随着 HI 酸浓度的增加出现反掺杂现象,即 PEDOT 链中的掺杂离子又逐渐增加,导致聚合物链结构中的载流子浓

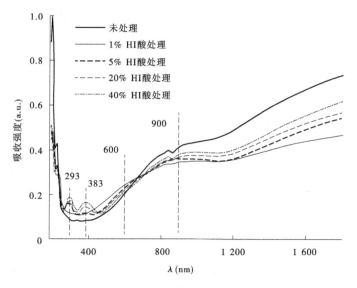

图 7-5　未处理及经过不同浓度的 HI 酸处理后
PEDOT – Tos – PPP 薄膜的 UV – Vis – NIR 吸收光谱

度又逐渐增多。这也解释了为什么当 HI 酸浓度超过 5%，其 Seebeck 系数开始出现降低现象。

7.3.5　XPS 吸收光谱分析

　　利用 XPS 对 HI 酸处理前后的 PEDOT – Tos – PPP 薄膜进行表面元素分析，并根据谱图峰位及峰强的变化来分析处理前后 PEDOT 薄膜中的分子结构及组分发生的变化对热电性能的影响。图 7-6 为未处理及经过不同浓度的 HI 酸处理后 PEDOT – Tos – PPP 薄膜的 XPS 分析。通过图 7-6 中 Survey 谱可观察到经 HI 酸处理后，PEDOT 薄膜中除检测到 S、C、O 元素外，还检测到了 I 元素的峰，并且含量非常多。

　　随后我们详细分析了高分辨 O_{1s}、S_{2p} 及 I_{3d} 的分谱，如图 7-6(b)、(c)、(d)所示。对于 VPP 法制备的 PEDOT – Tos – PPP 薄膜的 S_{2p} 分谱而言，图中显示主要包括两种形式的硫，其中较低结合能部分(162 ~ 165.5 eV)为 PEDOT 链骨架中的 S，较高结合能部分

(165.5 ~ 169 eV)为掺杂离子 Tos⁻中的 S,来自于氧化剂 Fe(Tos)₃,它作为对阴离子掺杂在导电聚合物 PEDOT 中,这与之前的报道[115,140]相一致。从 S_{2p} 分谱中我们观察到经过 HI 酸处理后,掺杂离子 Tos⁻的吸收峰消失,表明掺杂离子 Tos⁻被去除(由于 XPS 检测的深度只有几个纳米,所以并不能说明薄膜中的 Tos⁻被完全去除)。另外,

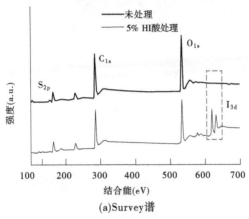

(a)Survey谱

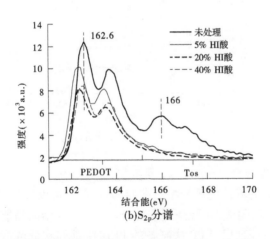

(b)S_{2p}分谱

图 7-6　未处理及经过不同浓度的 HI 酸处理后
PEDOT‐Tos‐PPP 薄膜的 XPS 分析

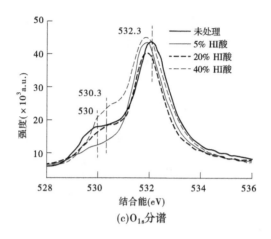

(c)O$_{1s}$分谱

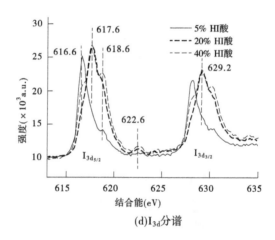

(d)I$_{3d}$分谱

续图7-6

PEDOT 中 S$_{2p}$ 的峰位向低能量方向偏移,从图中可以看到,HI 酸浓度越低偏移量较多,随着 HI 酸浓度增加,S$_{2p}$ 峰位又开始向高能量偏移。表明经过 HI 酸处理后,VPP 法制备的 PEDOT 薄膜在低浓度下主要发生去掺杂过程(Tos$^-$ 被逐渐去除),随 HI 酸浓度增加,越来越多的碘离子作为掺杂离子进入 PEDOT 链结构中,使其掺杂程度增加,导致峰位向高能量方向偏移。

对于高分辨 O_{1s} 分谱而言,VPP 法制备的 PEDOT – Tos – PPP 薄膜未经处理,图中显示有两个峰分别为 530 eV 和 532.3 eV,其中较弱的峰 530 eV 归属于 PEDOT 中掺杂离子 Tos 中的 SO_3 的吸收峰;较强的峰 532.3 eV 归属于 PEDOT 中 C – O – C 间的键合。经过 HI 酸处理后,归属于 PEDOT 中 C – O – C 间的键合的峰(532.3 eV)其峰位向低结合能方向偏移;归属于 PEDOT 中掺杂离子 Tos(530 eV)的吸收峰消失。另外,随着后处理溶液中 HI 酸浓度的增加,在530.3 eV 处又出现了新的吸收峰,其峰强随 HI 酸浓度的增加而增强。我们认为产生这些现象可能的原因是:①三嵌段共聚物 PPP 的去除引起 532.3 eV 处峰位的偏移,这与厚度减少的原因及 FESEM 的分析结果相一致;②530 eV 处的吸收峰消失是 PEDOT 中掺杂离子 Tos 去除引起的;③530.3 eV 出现新的吸收峰,我们认为可能是 I – O 间键合形成的吸收峰,由 S_{2p} 的分析结果我们得到,随着后处理溶液中 HI 酸浓度的增大,大量的碘离子作为掺杂离子进入 PEDOT 链结构中,因此我们猜测可能是 I – O 间键合中 O 引起的吸收峰。

由于碘离子的存在形式比较复杂,碘在溶液中的存在形式一般有碘单质(I_2)、碘离子(I^-)、多碘离子(I_3^-、I_5^-)或几种形式的组合。从 I_{3d} 分谱图中可以看到主要包括两个主峰:其中 618 eV 为 $I_{3d_{5/2}}$,630 eV 为 $I_{3d_{3/2}}$。从 I_{3d} 分谱结果来看,经过 HI 酸处理后 PEDOT 薄膜中的 I_{3d} 分谱每一个峰包含 3 个部分,例如 I $3d_{5/2}$,其峰位分别为 616.6 eV,617.6 eV,618.6 eV,分别代表 I^-,I_3^-,I_5^-,形成多种掺杂离子共掺的 PEDOT 结构。而 622.6 eV 处的小峰可能是 I_2 引起的吸收。

7.4　机制分析

基于以上的结果和讨论,我们认为用 HI 酸还原 PEDOT 薄膜的反应机制为:具有还原性的 HI 酸向氧化掺杂态 PEDOT(PEDOT$^+$)分子结构中注入电子,使其发生还原反应,生成中性态 PEDOT,如式(7-1)所示。为了维持 PEDOT 链结构的电中性,水合化的对阴离子 Tos$^-$ 会从膜中迁出。与此同时溶液中的 I$^-$ 失去电子被氧化,随着 HI 酸浓度的增大,溶液中 I^- 的浓度增多,大量的 I^- 易发生氧化反应被氧化为 I_2,如式(7-2)所示。生成的 I_2 又导致还原态(中性态)的 PEDOT 发生氧化反应,如式(7-3)或式(7-4)所示。

$$PEDOT^+(Tos^-) + e^- \rightarrow PEDOT + Tos^- \tag{7-1}$$

$$2I^- - 2e^- \rightarrow I_2 \tag{7-2}$$

$$2\ PEDOT + 3\ I_2 \rightarrow 2\ PEDOT^+(I_3^-) \tag{7-3}$$

或 $$2\ PEDOT + 5\ I_2 \rightarrow 2\ PEDOT^+(I_5^-) \tag{7-4}$$

从图 7-6(d)中 I_{3d} 分谱可以看到 PEDOT 薄膜经过低浓度的 HI 酸处理后,PEDOT 链结构中的掺杂离子主要是 I^- 和少量的 I_5^-。随着 HI 酸浓度的增加,PEDOT 链结构中的掺杂离子转变为 I_3^- 和 I_5^-。产生这种现象的主要原因可能是:HI 酸溶液除具有还原性外,它还是一种强酸,在酸性环境中聚合物链结构中的掺杂离子易于发生离子交换,在 HI 酸浓度低的情况下,主要发生离子交换,即溶液中的 I^- 与聚合物链结构中掺杂离子 Tos^- 发生离子交换,导致 PEDOT 中存在大量的 I^-;随着溶液中 HI 酸浓度的增加,导致发生一系列的氧化还原反应,即大量的 I^- 导致式(7-2)、式(7-3)及式(7-4)的发生。因此,经过不同浓度的 HI 酸处理,聚合物薄膜中的掺杂离子 I 以不同的形式存在,形成多种形式共掺的 PEDOT 结构,I 离子的含量越多其电导率越高,导致经过具有还原性的 HI 酸处理后仍保持较高的电导率。

PEDOT – Tos – PPP 薄膜经过 HI 酸处理后,绝缘物质 PPP 被去除,导致 PEDOT 链结构重新排列,由卷曲变为伸展,而伸展的链结构有利于产生更加有序的链间堆积,从而产生紧密的链间堆积,有利于载流子在链内和链间传输,可以大大提高聚合物链结构中载流子的迁移效率。另外,绝缘物质 PPP 的去除,使分子链结构中的载流子迁移更容易,也有利于载流子迁移率的提高。经过以上分析,我们认为经过 HI 酸处理后大大提高了 PEDOT 链结构中载流子的迁移率,然而经过 HI 酸处理后,碘离子作为掺杂离子进入 PEDOT 链结构中并没有引发聚合物链结构中载流子浓度的大幅度降低,从而导致 PEDOT 薄膜电导率和 Seebeck 系数同时得到提高。这与拉伸后的 PANI 薄膜的电导率和 Seebeck 系数同时增大的原因是一致的。

7.5　本章小结

PEDOT 的氧化还原电位低,并且氧化还原态之间的可逆性好,本章利用还原性的 HI 酸对 PEDOT 薄膜进行后处理,通过调节 HI 酸的浓度,实现了电导率和 Seebeck 系数的同时提高。

我们认为,VPP 法制备的 PEDOT – Tos – PPP 薄膜经过 HI 酸处理后 TE 性能提高的机制是:一是 HI 酸的还原性,具有还原性的 HI 酸向 PEDOT 主链上注入电子,使其发生还原反应生成中性态 PEDOT,为了维持 PEDOT 链结构的电中性,水合化的对阴离子 Tos⁻ 会从 PEDOT 链结构中迁出。当 HI 酸浓度较低时,PEDOT 薄膜中主要发生还原反应,聚合物链结构中的载流子浓度减少,同时绝缘物质 PPP 的去除导致载流子迁移率提高,致使 PEDOT 薄膜 Seebeck 系数得到提高。另外,随着后处理溶液中 HI 酸浓度的增加,溶液中还存在具有弱氧化性的碘分子(I_2),导致还原态(中性态)的 PEDOT 发生氧化反应,最终形成多碘离子(I_3^-、I_5^-、I_2)共掺的 PEDOT 薄膜,电导率进一步增加,Seebeck 系数出现下降的趋势。研究表明,经过 5 wt% 的 HI 酸处理后 PEDOT 薄膜的电导率由处理之前的 1 532 S/cm 提高到 1 690 S/cm,Seebeck 系数由 14.8 μV/K 提高到 20.3 μV/K,通过此方法制备出相对较高的 TE 性能,功率因子由 33.82 μW/(m·K²) 提高至 68.59 μW/(m·K²),是处理之前的 2.0 倍。另外,经过 HI 酸处理后 PEDOT 薄膜的热导率略微有些升高,由 0.495 W/(m·K) 高至 0.563 W/(m·K),室温下最大的 ZT 值为 0.04。

这是第一次报道通过后处理的方式使 PEDOT 薄膜的电导率和 Seebeck 系数同时得到提高。可以看出增大聚合物链结构中的载流子迁移速率,同时降低载流子浓度使其达到适当的水平,是提高聚合物热电性能的一种有效途径。这是一种可以节约原料及时间成本,可以大规模生产且可以应用到别的聚合物达到提高 TE 性能的有效方法。

第 8 章 NaBH₄/DMSO 后处理 VPP 法制备的 PEDOT 薄膜及其 TE 性能

8.1 引 言

通过 VPP 法制备的 PEDOT 薄膜,由于其氧化掺杂程度高,聚合物链结构中的载流子浓度很大,导致 PEDOT 薄膜拥有高的电导率(1 500 S/cm),但是其 Seebeck 系数很低,仅有 14.3 μW/K。由于热电材料的 ZT 值与 Seebeck 系数的平方成正比,利用 VPP 法制备的 PEDOT 薄膜虽然具有高的电导率,但是其较低的 Seebeck 系数限制了其 ZT 值的提高。通过上一章的研究结果表明利用具有还原性的化学试剂对 VPP 法制备的重掺杂 PEDOT 薄膜进行后处理,导致其电导率和 Seebeck 系数呈现相反趋势的变化,通过牺牲一部分电导率,达到了提高 Seebeck 系数的目的,并且结果显示其功率因子得到了一定程度的提高,可能主要是聚合物链中载流子浓度和种类的差异导致的。

但是由于第 6 章和第 7 章中利用的还原剂 VC 及 HI 酸还原性较弱,导致后处理 PEDOT 薄膜的 Seebeck 系数不够高,其 TE 性能提高的很有限。考虑到 NaBH₄ 的还原性较强,且有文献报道用 DMSO 处理 PEDOT:PSS 有利于分子链有序度的提高,不仅提高了 PEDOT:PSS 的电导率,Seebeck 系数同时也得到了提高。因此,本章实验我们利用 NaBH₄ 和 DMSO 的混合液去后处理 VPP 法制备的 PEDOT 薄膜,并研究了 NaBH₄ 在 DMSO 中的含量对 PEDOT 薄膜热电性能的影响。期望通过调节掺杂态 PEDOT 薄膜的氧化掺杂程度,得到相对较高的 Seebeck 系数,从而进一步提高 PEDOT 薄膜的热电性能。

8.2　实验部分

8.2.1　实验原料

硼氢化钠(NaBH₄,96%)及二甲基亚砜(DMSO,99%)购自于国药集团化学试剂有限公司。其余实验中所用到的有关试剂及其纯度和来源见本书第 2 章 2.1.1 部分中的表 2-1。

8.2.2　样品制备

(1)首先利用 VPP 法制备 PEDOT – Tos – PPP 薄膜,氧化剂 Fe(Tos)₃、表面活性剂三嵌段共聚物 PPP 分别溶解在正丁醇和乙醇的混合溶液中(质量比为 1:1),其浓度均为 20% ,不同之处是在氧化剂溶液中加入抑制剂吡啶(Py)。具体实验过程同第 4 章所述,在此不再重复叙述。

(2)配制不同浓度(0~5%)的 NaBH₄/DMSO 溶液,待用。

(3)NaBH₄/DMSO 溶液后处理:将 VPP 法沉积在基板上的高电导 PEDOT – Tos – PPP 薄膜浸入盛有 NaBH₄/DMSO 溶液的称量瓶中,随后放置在 50 ℃ 的热板上处理 2 min 左右,将样品从 NaBH₄/DMSO 溶液中取出,浸入 DMSO 溶剂中 10 min 左右,将其取出浸泡在盛有无水乙醇或去离子水的烧杯中对 PEDOT 薄膜进行清洗。将清洗干净的薄膜放置 60 ℃ 的真空干燥箱中干燥 24 h。干燥后进行一些表征和性能测试。

8.2.3　样品表征和性能测试

采用电子自旋共振谱(ESR)测试薄膜中载流子的性质及浓度的变化[因双极化子没有自旋,因此,通过该测试可以定性判定载流子种类(双极化子、极化子、孤子及其浓度)]。采用 Dektak 150 台阶仪测量薄膜的厚度。采用 AFM 测试薄膜表面形貌及表面粗糙度,采用 Raman、UV – Vis – NIR、XPS 等对 PEDOT 分子结构、氧化掺杂程度及组分变化进行测试,样品电导率、Seebeck 系数和热导率测试及仪器同第 2 章的 2.2 节,在此不再赘述。

8.3 结果与讨论

8.3.1 热电性能测试

图 8-1 为 VPP 法制备 PEDOT – Tos – PPP 薄膜经过不同浓度的 $NaBH_4/DMSO$ 溶液后处理室温下的电导率、Seebeck 系数及功率因子的变化曲线。从图 8-1 中可以看出随着 $NaBH_4/DMSO$ 混合液中 $NaBH_4$ 浓度的增加,薄膜室温下的电导率很快下降(从 1 550 S/cm 下降到 5.7 S/cm),而 Seebeck 系数很快上升(从 14.9 μV/K 上升到 143.5 μV/K),$NaBH_4/DMSO$ 混合液中 $NaBH_4$ 浓度为 0.04% 处功率因子呈现最大值 98.1 μW/(m · K^2),是未处理薄膜的 3.1 倍。

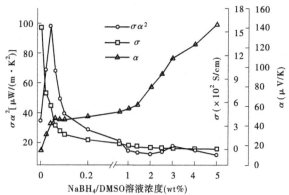

图 8-1 PEDOT – Tos – PPP 薄膜经过不同浓度的
$NaBH_4/DMSO$ 混合溶液处理后室温下(295 K)的 TE 性能

利用 DMSO 溶剂后处理 VPP 法制备的 PEDOT – Tos – PPP 薄膜,其电导率由 1 550 S/cm 下降至 950 S/cm,而其 Seebeck 系数由原来的 14.9 μV/K 增加至 25 μV/K,因此,经过 DMSO 处理后其功率因子在室温下达到 60 μW/(m · K^2),较未处理的 PEDOT – Tos – PPP 薄膜提高

了将近 1 倍。但是经过 DMSO 处理后的 PEDOT – Tos – PPP 薄膜在室温下的热电性能不稳定,放置在空气中两天后其电导率和 Seebeck 系数值又返回至未处理的状态。而经过 NaBH₄/DMSO 溶液处理后的 PEDOT – Tos – PPP 薄膜其热电性能稳定,因此,本章工作主要集中在研究 NaBH₄/DMSO 混合溶液对 PEDOT – Tos – PPP 薄膜 TE 性能的影响。

为了探索 VPP 法制备的 PEDOT – Tos – PPP 及经过 NaBH₄/DMSO 溶液后处理的薄膜的导电机制。我们对其进行了变温测试(从 295 K 到 385 K)[见图 8-2(a)],从图 8-2(a)中可以看到这两个样品的电导率均随着温度的升高呈现下降趋势,显示出金属或重掺杂半导体的导电行为。这一结果和文献[103]中报道的结果一致。图 8-2(a)中的插图显示了 $\ln(\sigma)$ 与 $T^{-1/3}$ 的关系,由图可见这两个样品在 295 K 到 385 K 范围呈现出的线性均较好,表明这两个样品在室温附近符合变程跃迁的导电机制。

图 8-2(b)为未处理和经过 0.04 wt% NaBH₄/DMSO 混合溶液后处理 PEDOT 薄膜的 Seebeck 系数随温度的变化关系。从图中可以看到,在整个温度变化区间(295 K 到 385 K),这两个样品的 Seebeck 系数均

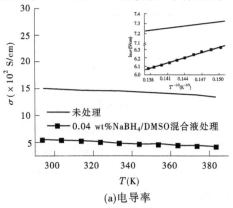

(a)电导率

图 8-2　未处理和经过 0.04 wt% NaBH₄/DMSO 混合溶液后处理
PEDOT 薄膜电导率、Seebeck 系数和功率因子随温度变化的关系

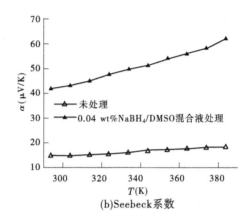

(b)Seebeck系数

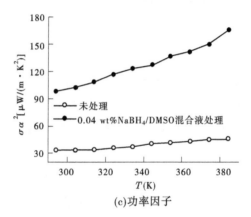

(c)功率因子

续图 8-2

随着温度的升高呈现增加的趋势,且经过 0.04 wt% NaBH$_4$/DMSO 混合溶液处理后的样品较未处理的样品增加的幅度更大。在整个测试温度范围内,经过 NaBH$_4$/DMSO 混合溶液处理后 PEDOT 薄膜的功率因子较未处理的大,原因是其拥有较高的 Seebeck 系数,因此在 385 K 时,最大的功率因子达到 165.3 μW/(m·K^2)[见图 8-2(c)]。

　　未处理和经过 0.04 wt% NaBH$_4$/DMSO 混合溶液处理后 PEDOT 薄膜的热导率分别为(0.501 ± 0.005)W/(m·K)和(0.451 ± 0.005)

$W/(m \cdot K)$。这个值较先前报道的商用的 PEDOT:PSS 的高,但比传统的无机热电材料的要低很多。

导电聚合物的热导率主要是以声子传输为主,因此受掺杂剂的影响,在 PEDOT:PSS 薄膜中,PSS 的去除降低了比热(C_p),导致了热导率的降低。因此,本实验中,PEDOT – Tos – PPP 薄膜经过 NaBH₄/DMSO 混合溶液去掺杂后,热导率降低的机制与 PEDOT:PSS 类似,热导率降低可能是 Tos⁻去除导致的。

基于以上测试,利用 0.04 wt% NaBH₄/DMSO 混合溶液后处理 PEDOT – Tos – PPP 薄膜室温(295 K)时的 ZT 值为 0.064,大约是未处理(ZT 值为 0.02)薄膜的 3.2 倍。另外,我们也对 0.04 wt% NaBH₄/DMSO 混合液后处理薄膜在 385 K 时的热导率进行了测试,其热导率由(0.451 ± 0.005) $W/(m \cdot K)$ 降至$(0.412 \pm 0.005) W/(m \cdot K)$,其 ZT 值在 385 K 时达到 0.155。

因此,利用 NaBH₄/DMSO 混合液后处理 VPP 制备的 PEDOT – Tos – PPP 薄膜是一种有效的提高 PEDOT 热电性能的方法。

未处理和经过 0.04 wt% NaBH₄/DMSO 混合液后处理的 PEDOT – Tos – PPP 薄膜的厚度分别为(120 ± 5) nm 和(90 ± 5) nm。经过 NaBH₄/DMSO 混合液后处理 PEDOT – Tos – PPP 薄膜的厚度减小了 25%,薄膜厚度减小的原因可能是三嵌段共聚物 PPP 或 Tos⁻离子被去除,因为疏水性的 PEDOT 在极性溶剂 DMSO 中是不溶的。同样的现象在 EG、DMSO 及 hydrazine/DMSO 溶液后处理 PEDOT:PSS 薄膜中都有报道,研究人员一致认为薄膜厚度减小是在后处理的过程中 PSS 被去除造成的。因此,我们进一步对未处理和 NaBH₄/DMSO 混合液处理的 PEDOT – Tos – PPP 薄膜进行了一些表征去探究热电性能提高的机制。

8.3.2　XPS 吸收光谱分析

图 8-3 为 PEDOT – Tos 薄膜、未处理、经过 0.04 wt% 和 5 wt% NaBH₄/DMSO 后处理的 PEDOT – Tos – PPP 薄膜的 S_{2p}、O_{1s} 和 C_{1s} XPS 谱图。未处理和经过 NaBH₄/DMSO 后处理的 PEDOT – Tos – PPP 薄膜的 S_{2p}谱图中具有较低结合能(163.4 ~ 164.6 eV)为 PEDOT 中 S 原子

的 S_{2p} 峰,而具有较高的结合能(167.8～169 eV)为掺杂离子 Tos⁻ 中 S 原子的 S_{2p} 峰。经过 $NaBH_4$/DMSO 混合液还原处理后,PEDOT 中 S 的结合能向低能量偏移且 Tos 掺杂离子含量降低,这意味着经 $NaBH_4$/DMSO 混合液处理后,PEDOT 链结构上的对阴离子 Tos⁻ 与碱性的 $NaBH_4$/DMSO 混合液发生酸碱中和反应,导致 Tos 掺杂离子含量降低,Sarah 等认为 PEDOT 中 S 原子的结合能随其氧化态的增高而增大。从图 8-3(a)中看到,经过 $NaBH_4$/DMSO 混合液处理后 PEDOT 中 S 原子的结合能降低且 Tos⁻ 离子含量降低,表明其氧化程度降低,PEDOT 发生去掺杂过程,聚合物链结构中的载流子浓度降低,因此导致 PEDOT 电导率降低。

文献[116,161]报道用 VPP 法合成 PEDOT 薄膜,若在氧化剂中加入三嵌段共聚物 PPP,大量的 PPP 嵌入 PEDOT 薄膜中。图 8-3(b)分别为 PEDOT-Tos、未处理和经过 0.04 wt% $NaBH_4$/DMSO 混合液后处理的 PEDOT-Tos-PPP 薄膜的 O_{1s} 谱图。从图中我们看到 PEDOT-Tos 与经过 0.04 wt% $NaBH_4$/DMSO 混合液处理后 PEDOT-Tos-PPP 薄膜的 O_{1s} 谱图峰位几乎重合,最强峰位均出现在 532.18 eV。而

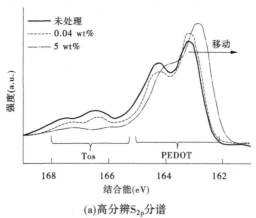

(a)高分辨S_{2p}分谱

图 8-3　VPP 法制备的 PEDOT 薄膜经过 $NaBH_4$/DMSO
混合液处理前后的 XPS 谱图

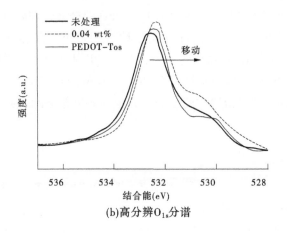

(b)高分辨 O₁ₛ分谱

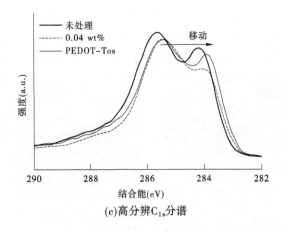

(c)高分辨 C₁ₛ分谱

续图 8-3

PEDOT - PPP - Tos 薄膜 O_{1s} 谱图的最强峰位于 532.68 eV,向高结合能方向偏移了 0.5 eV,原因是三嵌段共聚物 PPP 中 O 原子的结合能高引起的。这一结果与文献[116]中的报道一致。而 PEDOT - Tos - PPP 薄膜经过 NaBH₄/DMSO 混合液处理后其 O_{1s} 结合能降低,最强峰位向低结合能方向偏移了 0.5 eV,表明三嵌段共聚物 PPP 从 PEDOT - Tos - PPP 薄膜中去除。从图 8-3(c) C_{1s} 图谱中,我们也发现 PEDOT -

Tos – PPP 薄膜经过 0.04wt% NaBH$_4$/DMSO 混合液处理后其 C$_{1s}$ 峰位也向低结合能方向偏移。由此表明极性溶剂 DMSO 能够使 PEDOT 与 PPP 间的分子间作用力减弱,最终导致 PPP 从 PEDOT 薄膜中去除。O$_{1s}$ 和 C$_{1s}$ 峰位的偏移表明经过 0.04wt% NaBH$_4$/DMSO 混合液处理后 PEDOT – Tos – PPP 薄膜中的三嵌段共聚物 PPP 被去除,因此导致薄膜厚度大大减小。

8.3.3　形貌分析

图 8-4 为 VPP 法制备的 PEDOT – Tos、PEDOT – Tos – PPP 薄膜和经过 NaBH$_4$/DMSO 混合液后处理的 PEDOT – Tos – PPP 薄膜的 AFM 照片。图 8-4(a$_1$)和(a$_2$)分别为 PEDOT – Tos 薄膜表面形貌照片和对应的相图照片,从图中我们观察到其表面是由小的球形颗粒组成。图 8-4(b$_1$)和(b$_2$)除了球形颗粒(50 nm),还存在一些尺寸更大的物质(200 nm)。我们认为球形颗粒为 PEDOT – Tos,尺寸更大的物质为三

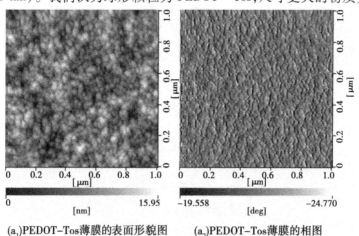

(a$_1$)PEDOT–Tos薄膜的表面形貌图　　(a$_2$)PEDOT–Tos薄膜的相图

图 8-4　VPP 法制备的 PEDOT – Tos、PEDOT – Tos – PPP 薄膜
经过 NaBH$_4$/DMSO 混合液处理前及处理后的
AFM 照片(尺寸为 1 μm × 1 μm 大小)

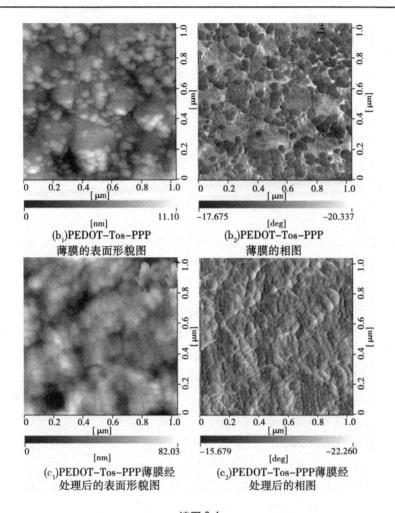

(b₁)PEDOT–Tos–PPP
薄膜的表面形貌图

(b₂)PEDOT–Tos–PPP
薄膜的相图

(c₁)PEDOT–Tos–PPP薄膜经
处理后的表面形貌图

(c₂)PEDOT–Tos–PPP薄膜经
处理后的相图

续图 8-4

嵌段共聚物 PPP。经过 NaBH₄/DMSO 混合液处理后 PEDOT – Tos –
PPP 薄膜表面[见图 8-4(c₁)和(c₂)]主要由小的球形颗粒组成,并且
排列得更为有序。极性溶剂 DMSO 具有高的介电常数,能够使 PEDOT
与 PPP 间的分子间作用力减弱,导致 PPP 从 PEDOT – Tos – PPP 薄膜
中去除,因此经过 NaBH₄/DMSO 混合液处理后的薄膜主要由小的球形

颗粒 PEDOT 组成。这一结果支持 XPS 分析及薄膜厚度减少的结论。AFM 软件计算结果显示经过 NaBH$_4$/DMSO 混合液处理后 PEDOT – Tos – PPP 薄膜的表面粗糙度由 1.7 nm 增加到 13.6 nm。这一改变表明经过 NaBH$_4$/DMSO 混合液处理后 PEDOT 链结构重新进行排列。从相图[见图(a$_2$)、(b$_2$)、(c$_2$)]照片中能够清楚地观察到经过 NaBH$_4$/DMSO 混合液处理后 PEDOT 更富集、聚合物链的有效共轭长度增加,且排列得更加有序。这些改变表明绝缘物质 PPP 被去除,且 PEDOT 链的构象由卷曲变得舒展。

8.3.4 Raman 光谱分析

图 8-5 为 VPP 法制备的 PEDOT – Tos – PPP 薄膜经过 NaBH$_4$/DMSO 混合液处理前后的 Raman 光谱。依据文献[131]报道,最强的特征峰 1 434 cm^{-1}为 C$_\alpha$ = C$_\beta$(–O)的对称伸缩振动峰,其右侧 1 511 cm^{-1}为 C$_\alpha$ = C$_\beta$ 面内反对称伸缩振动特征峰;左侧 1 365 cm^{-1}和 1 267 cm^{-1}分别为 C$_\beta$ – C$_\beta$ 的对称伸缩振动和环内 C$_\alpha$ – C$_{\alpha'}$的伸缩振动特征峰;990 cm^{-1}对应氧乙烯环的变形振动。经过 NaBH$_4$/DMSO 混合液处理后最强特征峰 1 434 cm^{-1} 的峰位向低波数偏移(红移)至 1 429 cm^{-1},同时峰宽变窄(见图 8-5 中插图),1 122 cm^{-1}和 1 552 cm^{-1}特征峰消失。这些变化表明,经过 NaBH$_4$/DMSO 混合液处理后 PEDOT 发生了去掺杂过程,氧化程度降低[PEDOT 由(双)极化态变为中性态]。另外,三嵌段共聚物 PPP 在 1 510 cm^{-1}左右存在拉曼特征峰,经过 NaBH$_4$/DMSO 混合液处理后,PEDOT 中 C$_\alpha$ = C$_\beta$ 面内反对称伸缩振动特征峰 1 511 cm^{-1}的峰位向高波数偏移且峰宽变窄,表明 PPP 被去除。这一结论与 XPS 分析结果是一致的。

8.3.5 UV – Vis – NIR 吸收光谱分析

图 8-6(a)为未处理和经过 NaBH$_4$/DMSO 混合液后处理的 PEDOT – Tos – PPP 薄膜的 UV – Vis – NIR 吸收光谱。由图 8-6(b)中观察到经过 NaBH$_4$/DMSO 混合液处理后,PEDOT – Tos – PPP 薄膜的颜色由淡

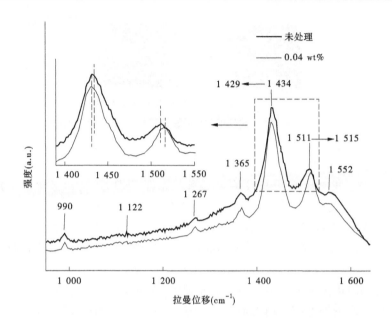

图 8-5　VPP 法制备的 PEDOT – Tos – PPP 薄膜经过 NaBH₄/DMSO
混合液处理前后的 Raman 光谱图

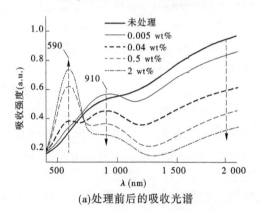

(a)处理前后的吸收光谱

图 8-6　VPP 法制备的 PEDOT – Tos – PPP 薄膜经过不同浓度
(0.005 wt%、0.04 wt%、0.5 wt% 和 2 wt%) 的 NaBH₄/DMSO 混合液
处理前后的 UV – Vis – NIR 吸收光谱及数码照片

未处理   NaBH₄/DMSO混合溶液处理

(b)处理前后的数码照片

续图 8-6

变为深。我们知道 PEDOT 存在三种状态即 $PEDOT^{2+}$（双极化子态）、$PEDOT^{+}$（极化子态）和 PEDOT（中性态）（见图 8-7），这三种状态在 UV – Vis – NIR 波段吸收峰位不同，可见光 600 nm 左右的特征吸收峰是 $\pi - \pi^{*}$ 转移中性态吸收峰，900 nm 左右的吸收峰是 $PEDOT^{+}$ 极化子态吸收峰，近红外区（ > 1250 nm）宽的吸收峰是 $PEDOT^{2+}$ 双极化子态吸收峰。由图 8-6(a) 中可见，未处理的 PEDOT – Tos – PPP 薄膜吸收峰出现在近红外区（ > 1 250 nm），而经过 NaBH₄/DMSO 混合液处理后随着 NaBH₄ 浓度的增加，吸收峰位逐渐向低波长偏移。表明随着 DMSO 溶剂中 NaBH₄ 含量的增加 PEDOT 由 $PEDOT^{2+}$（双极化子态）→ $PEDOT^{+}$（极化子态）→ PEDOT（中性态）。图 8-8 为未处理和经过 NaBH₄/DMSO 混合液后处理 PEDOT – Tos – PPP 薄膜的电子自旋共振光谱(ESR)。从图中可以看到 VPP 法制备的 PEDOT – Tos – PPP 薄膜没有 ESR 信号。表明 VPP 法制备的 PEDOT – Tos – PPP 薄膜聚合物链结构中的载流子是由双极化子组成的。经过 NaBH₄/DMSO 混合液处理后，随着 NaBH₄ 在 DMSO 溶剂中浓度的增加，ESR 的信号强度先增强后减弱。这一现象的出现是由于 NaBH₄ 处理后 PEDOT – Tos – PPP 发生去掺杂，聚合物链结构中的载流子类型发生变化，随着 NaBH₄ 浓度的增大，PEDOT 被还原的程度增加，载流子逐渐由双极化子转变为极化子最后转化为中性态的孤子，这一结果与 UV – Vis – NIR 吸收光谱的分析结果相一致。因此，经过 NaBH₄/DMSO 混合液处理后 PEDOT – Tos – PPP 薄膜的电导率降低，但是相应的 Seebeck 系数呈现增大的趋势，导致 PEDOT 的 TE 性能得到一定程度的提升。由于高的 Seebeck

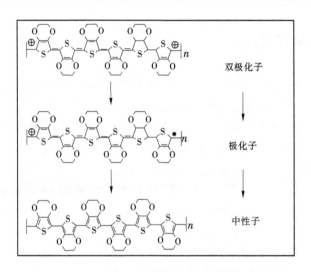

**图 8-7　PEDOT 链结构在去掺杂过程中由双极化子
转化为极化子及中性态的示意图**

对 ZT 值的贡献更大,所以通过适当地降低电导率,协调电导率与
Seebeck 的值使 ZT 值达到最优化水平,是提高聚合物热电性能的有效
方法。

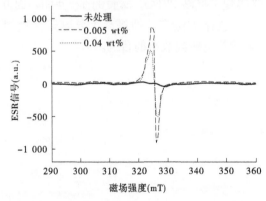

**图 8-8　经过不同浓度(0.005 wt% 和 0.04 wt%)的
NaBH₄/DMSO 混合液处理前后 PEDOT - Tos - PPP 薄膜的 ESR 谱图**

8.4 本章小结

本章主要采用 VPP 法制备的 PEDOT – Tos – PPP 薄膜,通过在氧化剂溶液中加入 Py 及 PPP 使氧化剂的反应活性降低,制备出电导率非常高的 PEDOT – Tos – PPP 薄膜(1 550 S/cm)。随后利用 $NaBH_4$/DMSO 混合液进行后处理,降低 PEDOT – Tos – PPP 薄膜的氧化掺杂程度,尽管电导率有所下降,但其 Seebeck 系数得到大幅度提高,室温下的功率因子最大值达到 98.1 $\mu W/(m \cdot K^2)$,相应的 ZT 值达到 0.064。随着测试温度的升高,薄膜的 Seebeck 系数增加,电导率略有下降,功率因子从室温的 98.1 $\mu W/(m \cdot K^2)$ 增加至 385 K 时的 165.3 $\mu W/(m \cdot K^2)$,ZT 值在 385 K 时达到 0.155。由 XPS、Raman、UV – Vis – NIR 吸收光谱、ESR 以及表面形貌 AFM 等表征手段分析表明,经过 $NaBH_4$/DMSO 混合液处理后 PEDOT 薄膜 TE 性能提高。一方面,是由于绝缘物质 PPP 从 PEDOT – Tos – PPP 薄膜中去除,大大降低了载流子的跃迁能量势垒,迁移率提高了;另一方面,PEDOT – Tos – PPP 薄膜发生了去掺杂的过程,载流子浓度降低,导致其 Seebeck 系数得到大幅度提高,最终实现了提高 PEDOT 薄膜的 TE 性能。因此,我们认为,通过简单的化学去掺杂方法有效地提高了导电聚合物的 TE 性能,从而达到提高聚合物热电转换效率的目的。

第 9 章 含不同还原性基团的 糖类对 PEDOT 电性能的影响

9.1 实验过程

9.1.1 不同质量分数的乳糖溶液对 PEDOT 薄膜的处理

第一步,配制不同浓度的乳糖溶液。所需要的实验试剂:乳糖和去离子水。本实验中用到的乳糖溶液质量分数分别为 5%、10%、20%、30%,根据其质量分数算出其所对应的所需的乳糖质量分别为 0.526 3 g、1.111 1 g、2.500 0 g、4.285 7 g,根据计算出的结果,用电子天平称出所需的乳糖的质量,然后将其与事先准备好的去离子水混合,其中不同浓度的溶液需要的去离子水均为 10 mL。将混合后的溶液用磁力搅拌器搅拌均匀,制得实验需要的不同浓度的乳糖溶液。

第二步,用制备好的乳糖溶液对 PEDOT 薄膜进行后处理。为了对比不同质量分数的乳糖溶液对 PEDOT 薄膜的影响的差别,实验中需用到 10 块 PEDOT 样品,把事先准备好的 PEDOT 样品置于温度设定为 80 ℃的台面上,然后将配制好的乳糖溶液滴在样品上,每次处理需将样品表面全部覆盖。处理的样品分为两类,第一类为每块样品都被相同浓度的乳糖溶液处理两次,分四组;第二类为每块样品都被相同浓度的乳糖溶液处理三次,同样也分四组。两次处理之间的间隔时间以每次滴的乳糖溶液完全干燥为准。

第三步,将处理好的样品均用去离子水清洗干净(以样品表面无残留物为标准),然后做烘干处理。至此,实验样品准备完毕。本次实验用了 8 块样品,而事先准备了 10 块,还有 2 块未处理,是为了更好地观察样品处理与否的差别。

第四步,对处理后的与未处理的 PEDOT 样品分别进行拉曼测试、紫外可见近红外测试及霍尔测试,然后对实验数据进行对比、整理和分析。

9.1.2　不同质量分数的葡萄糖溶液对 PEDOT 薄膜的处理

第一步,配置不同浓度的葡萄糖溶液。所需要的实验试剂:浓度为 50% 的葡萄糖溶液及去离子水。用已有试剂配制出浓度分别为 5%、10%、20%、30%、50% 的葡萄糖溶液。

第二步,用制备好的葡萄糖溶液对 PEDOT 薄膜进行后处理,实验选用两种不同成分的样品,以便能更容易看出不同样品经处理后的差别。将两种样品分别标记为 1 号和 2 号。取 1 号样品 6 块,处理时分别把样品置于将温度预设定为 80 ℃的工作台上,把已经配制好的 5 种浓度的葡萄糖溶液分别滴在其中 5 块样品上(涂满样品表面),每块样品均处理三次,两次处理之间的时间间隔以样品表面的溶液完全干燥为标准。同样,对 2 号样品进行相同的处理。

第三步,将已经处理过的样品,分别放入去离子水中进行清洗,清洗至其表面无残留物,然后进行烘干处理。至此,实验样品准备完毕。每种样品处理时,都会留 1 块未经处理的,以便进行对比分析,得出结论。

第四步,对处理后的与未处理的 PEDOT 样品分别进行拉曼测试、紫外可见近红外测试及霍尔测试,然后对实验数据进行对比、整理和分析。

9.2　实验数据分析讨论

9.2.1　不同浓度的乳糖溶液对 PEDOT 薄膜处理后的数据分析

图 9-1 为 PEDOT 薄膜经乳糖溶液处理前后的拉曼光谱图。由图 9-1 我们可以清晰地看出,PEDOT 薄膜经处理后,其结构中最强的特

征峰发生了红移(向波数低的位置移动),峰的宽度变大。关于这种情况的发生,经过查阅相关文献我们了解到,在 PEDOT 的分子内存在位于 1 434 cm^{-1}附近的 C$_\alpha$ = C$_\beta$(-0)的对称伸缩振动峰,其包括 PEDOT 中性结构(关于 1 413.5 cm^{-1}对称)和掺杂状态的 PEDOT$^+$结构(关于 1 444.5 cm^{-1}对称)两部分。实验表明:如果 PEDOT 的掺杂程度发生变化,就会引起 C$_\alpha$ = C$_\beta$(-0)对称伸缩振动峰的移动。当其掺杂程度较低时峰位会发生红移,相反,峰位会发生蓝移(向波数高的位置移动)。而从本次实验所得的拉曼光谱图的局部放大图可以看到,经乳糖溶液处理后峰位向波数低的位置移动,由此得出 PEDOT 薄膜掺杂程度降低的结论。

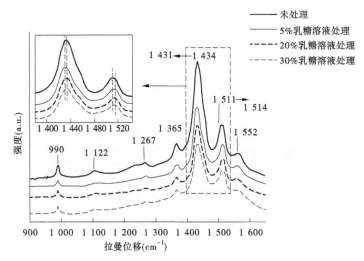

图 9-1　PEDOT 薄膜经乳糖处理前后的拉曼光谱图

图 9-2 为 PEDOT 薄膜经不同浓度的乳糖溶液处理前后的 UV - Vis - NIR 的光谱图,从图 9-2 我们可以清晰地看到,在区域 400 ~ 600 nm,处理后的吸收强度有所增大,且经 50% 的乳糖溶液处理后的吸收强度较大;在区域 600 ~ 910 nm,处理前后的吸收强度都增大,但处理后的低于处理前的;在区域 910 ~ 1 250 nm,未处理的 PEDOT 薄膜的吸收强度进一步增大,而经乳糖溶液处理后的 PEDOT 薄膜的吸收强度出

现减小现象;在区域 1 250 nm 后,不管处理与否,其吸收强度都持续增大,但处理后的吸收强度低于未处理的。对数据进行分析得到,用乳糖对 PEDOT 薄膜进行处理后,其结构中的载流子类型被改变,从而产生了 PEDOT 薄膜掺杂程度降低的现象,这正照应了之前的拉曼测试分析的结果。

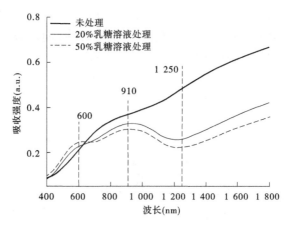

图 9-2 PEDOT 薄膜经不同浓度的乳糖
溶液处理前后的 UV – Vis – NIR 吸收光谱

图 9-3 为 PEDOT 薄膜经乳糖溶液处理前后的电导率、Seebeck 系数及功率因子的变化情况。从图中我们可以清晰地看出,用乳糖溶液对 PEDOT 薄膜进行处理后,其电导率随着乳糖溶液浓度的升高而减小,由拉曼测试与近红外吸收光谱测试已知,用乳糖对 PEDOT 薄膜进行处理后,它的掺杂程度降低,可知这正是其电导率降低的原因。同样由图 9-3 可以看出,随乳糖溶液浓度的提高,PEDOT 薄膜的 Seebeck 系数逐渐增大。而其功率因子(由电导率和 Seebeck 系数计算得到)则随乳糖溶液浓度的升高出现波动的现象,在 0 ~ 20% 时功率因子随乳糖溶液浓度的提高逐渐增大,而在 20% ~ 50% 时,功率因子开始随乳糖溶液浓度的提高而减小。这些现象均与 PEDOT 薄膜掺杂程度的变化有关。

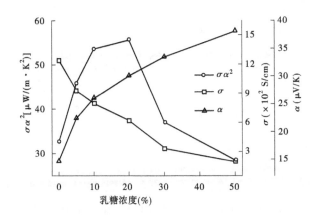

图 9-3　PEDOT 薄膜经乳糖处理前后的电导率、Seebeck 系数及功率因子的变化情况

9.2.2　不同浓度的葡萄糖溶液对 PEDOT 薄膜处理后的数据分析

同样,分别用拉曼测试、紫外可见近红外测试及霍尔测试对用葡萄糖溶液处理后的 PEDOT 薄膜进行检测,经过对实验数据的整理与分析发现,经葡萄糖溶液处理后的 PEDOT 薄膜的性质变化与经乳糖溶液处理后的基本类似,也即处理后的 PEDOT 薄膜氧化掺杂程度降低,电导率降低。

9.3　本章小结

用不同浓度的乳糖溶液和葡萄糖溶液对 PEDOT 薄膜进行后处理,通过对实验数据的分析发现,随着处理溶液浓度的增大,PEDOT 薄膜的电导率逐渐降低。通过进一步的实验,拉曼测试和紫外可见近红外的检测结果表明,PEDOT 薄膜的电导率之所以降低是因为经处理后,其链结构发生变化,其中的载流子类型由双极化子转变为极化子或中性极子。这种变化使得 PEDOT 薄膜的氧化掺杂程度降低,从而导致其电导率降低。

第 10 章　总结和展望

10.1　结　论

导电聚合物具有低的热导率、质轻、价廉、容易合成和加工成型等优点,作为热电材料具有广阔的应用前景。本书的研究工作主要是以PEDOT 为研究对象,以提升其热电性能为目的而展开工作,首先采用VPP 法制备出重掺杂程度的 PEDOT 薄膜,然后分别通过复合和后处理的方式,改变 PEDOT 薄膜的氧化掺杂程度、组分、分子链结构的构型及构象,达到进一步提高 PEDOT 薄膜热电性能的目的。全书得出如下结论:

(1)通过 VPP 法制备出重掺杂程度的 PEDOT 薄膜。研究了各个工艺参数(如氧化剂浓度、聚合温度及时间等)及表面活性剂 PPP 对PEDOT 薄膜热电性能的影响。研究结果表明:各个工艺参数对 PEDOT薄膜的电导率有很大影响,而对 Seebeck 系数影响并不大。氧化剂 Fe(Tos)$_3$的浓度、气相室温度主要影响 PEDOT 薄膜的聚合反应速率,从而导致 PEDOT 薄膜电导率发生变化。另外,表面活性剂 PPP 在聚合PEDOT 薄膜中起到非常重要的作用,一方面作为抑制剂降低了氧化剂的反应活性;另一方面作为聚合 PEDOT 的软模板,促进 PEDOT 链结构的规整性排列,有利于提高 PEDOT 薄膜的导电性。通过大量的实验得到了优化的工艺参数,即当氧化剂 Fe(Tos)$_3$及表面活性剂 PPP 的浓度均为20%,气相室温度为 65 ℃,聚合时间为 20 min 时,获得最大的功率因子23.1 μW/(m·K^2)。

(2)采用 VPP 法制备了 PEDOT – Tos – PPP/SWCNT 复合薄膜,研究了复合薄膜中 SWCNT 含量对其 TE 性能的影响。结果表明,当SWCNT 含量为 35 wt% 时,电导率由 918 S/cm 下降至 768 S/cm,

Seebeck 系数由 15.5 μV/K 增加至 22.1 μV/K，功率因子达到 37.8 μW/(m·K²)，而复合薄膜室温下的热导率为 0.492 W/(m·K)，与 PEDOT-Tos-PPP 薄膜[0.495 W/(m·K)]相比几乎没有变化，因此复合薄膜在室温下的 ZT 值约为 0.024。另外，我们做了变温性能测试，在 294 K~374 K 测试范围内，复合薄膜的电导率随着温度的升高从 718 S/cm 下降至 590 S/cm，Seebeck 系数从 22.1 μV/K 增加至 29.8 μV/K，在 374 K 时复合薄膜的功率因子达到 52.4 μW/(m·K²)。热导测试结果显示随着温度的升高，热导率略微升高，由 0.492 W/(m·K)上升至 0.571 W/(m·K)，因此复合薄膜的 ZT 值在 374 K 时达到 0.035。

(3)采用 H_2SO_4 处理 VPP 法制备的 PEDOT-Tos-PPP 薄膜，主要研究了 H_2SO_4 浓度对薄膜热电性能的影响。结果表明：PEDOT-Tos-PPP 薄膜经过 1 mol/L 的 H_2SO_4 处理后，大大提高了 PEDOT 薄膜的电导率，由 944 S/cm 增加到 1 750 S/cm，Seebeck 系数略微降低，由 16.5 μV/K 下降至 14.6 μV/K，因此功率因子由 25.7 μW/(m·K²)增加至 37.3 μW/(m·K²)，是处理前的 1.5 倍。另外，经过 H_2SO_4 处理后 PEDOT 薄膜的热导率略微有些下降，由 0.495 W/(m·K)降至 0.474 W/(m·K)，室温下后处理薄膜的 ZT 值约为 0.024。通过此方法制备的 PEDOT 薄膜，其热电性能提高主要是通过提高电导率的方式实现的。

(4)采用具有生物相容性、无毒害的 VC 作为还原剂，通过化学方法还原 VPP 法制备的重掺杂 PEDOT-Tos-PPP 薄膜，使其达到适当的氧化掺杂水平，最终导致热电性能得到一定程度的提高。研究表明，VC 水溶液浓度为 20% 时，功率因子呈现最大值 55.6 μW/(m·K²)，是处理前[32.6 μW/(m·K²)]的 1.7 倍。另外，经过 VC 处理后的 PEDOT 薄膜的热导率略微有些升高，由 0.495 W/(m·K)上升至 0.528 W/(m·K)，室温下最大的 ZT 值约为 0.032。相比于其他的还原剂，采用环境友好性的还原剂 VC 还原 PEDOT-Tos-PPP 薄膜，易于实现对 PEDOT-Tos-PPP 薄膜还原程度的控制，这样不仅优化了 PEDOT 薄膜的热电性能，还使得产物在后续的应用方面得到扩展，具有独特的优势。

(5)采用 HI 酸处理 VPP 法制备的高电导率 PEDOT - Tos - PPP 薄膜,并研究了 HI 酸浓度对 PEDOT 薄膜热电性能的影响。结果表明,经过 5 wt% 的 HI 酸处理后薄膜的电导率和 Seebeck 系数同时增加,其电导率由处理前的 1 532 S/cm 提高到 1 920 S/cm,Seebeck 系数由 14.86 $\mu V/K$ 提高到 20.3 $\mu V/K$,功率因子达到 68.59 $\mu W/(m \cdot K^2)$,是处理前 $[33.82 \ \mu W/(m \cdot K^2)]$ 的 2.0 倍。另外,经过 HI 酸处理后 PEDOT 薄膜的热导率略微有些升高,由 0.495 $W/(m \cdot K)$ 升高至 0.563 $W/(m \cdot K)$,室温下最大的 ZT 值约为 0.04。

(6)采用还原性较强的还原剂 $NaBH_4/DMSO$ 的混合液处理 VPP 法制备的高电导率 PEDOT - Tos - PPP 薄膜,并研究了 $NaBH_4$ 在 DMSO 中的含量对 PEDOT 薄膜热电性能的影响。实验结果表明,当 $NaBH_4/DMSO$ 混合液中 $NaBH_4$ 浓度为 0.04 wt% 时,功率因子呈现最大值 98.1 $\mu W/(m \cdot K^2)$,是处理前的 3.1 倍。另外我们做了变温性能的测试,在 295 ~ 385 K 的温度测试范围内,后处理 PEDOT 薄膜的电导率随着温度的升高从 556 S/cm 降低至 430 S/cm,Seebeck 系数随着温度的升高从 42 $\mu V/K$ 增加至 62 $\mu V/K$,在 385 K 时 PEDOT 薄膜获得最大的功率因子 165.3 $\mu W/(m \cdot K^2)$。热导测试结果显示室温下未处理、经过 0.04 wt% $NaBH_4/DMSO$ 混合溶液处理后 PEDOT 薄膜热导率分别为 0.501 $W/(m \cdot K)$ 和 0.451 $W/(m \cdot K)$,随着温度的升高热导率呈现下降的趋势,后处理薄膜的热导率由 0.451 $W/(m \cdot K)$ 降至 0.412 $W/(m \cdot K)$。因此,后处理 PEDOT 薄膜 ZT 值在 385 K 时达到 0.155。

10.2 展 望

利用 VPP 法制备 PEDOT 发现有几个方面需要进一步深入研究,为今后的工作提供了以下思路:

气相聚合法有利于单体发生聚合反应时形成高共轭程度且结构缺陷少的聚合物分子链结构,因此能够得到高电导率的聚合物,此方法可以拓展到其他有机热电材料的制备。

　　利用 VPP 法制备的高电导率 PEDOT 与合适的且 Seebeck 系数高的聚合物在气相环境下共聚形成聚合物复合材料,有望得到高 TE 性能的有机热电材料。

参考文献

[1] G. Kim, L. Shao, K. Zhang, et al. Engineered doping of organic semiconductors for enhanced thermoelectric efficiency[J]. Nature Materials, 2013, 12:719-723.

[2] O. Bubnova, Z. U. Khan, A. Malti, et al. Optimization of the thermoelectric figure of merit in the conducting polymer poly (3, 4-ethylenedioxythiophene), Nature materials[J]. 2011, 10:429-433.

[3] Z. H. Dughaish. Lead telluride as a thermoelectric material for thermoelectric power generation[J]. Physica B: Condensed Matter, 2002, 322:205-223.

[4] K. Rothe, M. Stordeur, H. Leipner. Power factor anisotropy of p-Type and n-Type conductive thermoelectric Bi-Sb-Te thin films[J]. Journal of electronic materials, 2010, 39:1395-1398.

[5] J. Jiang, L. Chen, S. Bai, et al. Thermoelectric properties of p-type $(Bi_2Te_3)_x(Sb_2Te_3)_{1-x}$ crystals prepared via zone melting[J]. Journal of crystal growth, 2005, 277:258-263.

[6] N. T. Huong, Y. Setou, G. Nakamoto, et al. High thermoelectric performance at low temperature of p-$Bi_{1.8}Sb_{0.2}Te_{3.0}$ grown by the gradient freeze method from Te-rich melt[J]. Journal of alloys and compounds, 2004, 368: 44-50.

[7] O. Yamashita, S. Tomiyoshi. Effect of annealing on thermoelectric properties of bismuth telluride compounds[J]. Japanese journal of applied physics, 2003, 42: 492.

[8] K. Biswas, J. He, I. D. Blum, et al. High-performance bulk thermoelectrics with all-scale hierarchical architectures[J]. Nature, 2012, 489: 414-418.

[9] K. Biswas, J. He, Q. Zhang, et al. Strained endotaxial nanostructures with high thermoelectric figure of merit[J]. Nature Chemistry, 2011, 3: 160-166.

[10] B. Abeles, D. Beers, G. Cody, et al. Thermal conductivity of Ge-Si alloys at high temperatures[J]. Physical review, 1962, 125:44.

[11] X. Wang, H. Lee, Y. Lan, et al. Enhanced thermoelectric figure of merit in nanostructured n-type silicon germanium bulk alloy[J]. Applied Physics Letters, 2008, 93:193121.

[12] G. Joshi, H. Lee, Y. Lan, et al. Enhanced thermoelectric figure-of-merit in nanostructured p-type silicon germanium bulk alloys[J]. Nano letters, 2008, 8: 4670-4674.

[13] C. Zhou, K. Cai. Synthesis and growth model of silicon oxide nanorods with bud-like structures[J]. Ceramics International, 2012, 38: S635-S639.

[14] W. Xie, J. He, H. J. Kang, et al. Identifying the specific nanostructures responsible for the high thermoelectric performance of (Bi, Sb)$_2$Te$_3$ nanocomposites[J]. Nano letters, 2010, 10: 3283-3289.

[15] D. H. Kim, C. Kim, K. -C. Je, et al. Fabrication and thermoelectric properties of c-axis-aligned Bi$_{0.5}$Sb$_{1.5}$Te$_3$ with a high magnetic field[J]. Acta Materialia, 2011, 59: 4957-4963.

[16] Y. Zhang, G. Xu, J. Mi, et al. Hydrothermal synthesis and thermoelectric properties of nanostructured Bi$_{0.5}$Sb$_{1.5}$Te$_3$ compounds [J]. Materials Research Bulletin, 2011, 46: 760-764.

[17] J. J. SHEN, T. J. ZHU, C. YU, et al. Influence of Ag2Te doping on the thermoelectric properties of p-typeBi$_{0.5}$Sb$_{1.5}$Te$_3$ bulk alloys [J]. Journal of Inorganic Materials, (2010), 25: 583-587.

[18] W. S. Liu, Q. Zhang, Y. Lan, et al. Thermoelectric property studies on cu-doped n-type CuxBi$_2$Te$_{2.7}$Se$_{0.3}$ nanocomposites[J]. Advanced Energy Materials, 2011, 1: 577-587.

[19] J. Chen, X. Zhou, G. J. Snyder, et al. Direct tuning of electrical properties in nano-structured Bi$_2$Se$_{0.3}$Te$_{2.7}$ by reversible electrochemical lithium reactions [J]. Chemical Communications, 2011, 47: 12173-12175.

[20] X. Yan, B. Poudel, Y. Ma, et al. Experimental studies on anisotropic thermoelectric properties and structures of n-type Bi$_2$Te$_{2.7}$Se$_{0.3}$[J]. Nano letters, 2010, 10: 3373-3378.

[21] B. Poudel, Q. Hao, Y. Ma, et al. High-thermoelectric performance of nanostructured bismuth antimony telluride bulk alloys[J]. Science, 2008, 320: 634-638.

[22] R. Venkatasubramanian, E. Siivola, T. Colpitts, et al. Thin-film thermoelectric devices with high room-temperature figures of merit[J]. Nature, 2001, 413: 597-602.

[23] Y. Pei, X. Shi, A. LaLonde, et al. Convergence of electronic bands for high performance bulk thermoelectrics[J]. Nature, 2011, 473: 66-69.

[24] G. A. Slack, M. A. Hussain. The maximum possible conversion efficiency of silicon-germanium thermoelectric generators [J]. J Appl Phys, 1991, 70: 2694-2718.

[25] I. Yonenaga, T. Akashi, T. Goto. Thermal and electrical properties of Czochralski grown GeSi single crystals[J]. Journal of Physics and Chemistry of Solids, 2001, 62: 1313-1317.

[26] G. Joshi, H. Lee, Y. C. Lan, et al. Enhanced thermoelectric figure-of-merit in nanostructured p-type silicon germanium bulk alloys [J]. Nano Lett, 2008, 8: 4670-4674.

[27] P. B. Kaul, K. A. Day, A. R. Abramson. Application of the three omega method for the thermal conductivity measurement of polyaniline[J]. J Appl Phys, 2007, 101: 083507.

[28] H. H. Liao, C. M. Yang, C. C. Liu, et al. Dynamics and reversibility of oxygen doping and de-doping for conjugated polymer [J]. Journal of applied physics, 2008, 103: 104506.

[29] F. Zhang, A. Gadisa, O. Inganäs, et al. Influence of buffer layers on the performance of polymer solar cells[J]. Applied physics letters, 2004, 84: 3906-3908.

[30] S. H. Eom, S. Senthilarasu, P. Uthirakumar, et al. Polymer solar cells based on inkjet-printed PEDOT:PSS layer[J]. Organic Electronics, 2009, 10: 536-542.

[31] T. Brown, J. Kim, R. Friend, et al. Built-in field electroabsorption spectroscopy of polymer light-emitting diodes incorporating a doped poly (3, 4-ethylene dioxythiophene) hole injection layer[J]. Applied Physics Letters, 1999, 75: 1679-1681.

[32] T. Nguyen, P. Le Rendu, P. Long, et al. Chemical and thermal treatment of PEDOT:PSS thin films for use in organic light emitting diodes[J]. Surface and Coatings Technology, 2004, 180: 646-649.

[33] J. Joo, S. K. Park, D. S. Seo, et al. Formation of nanoislands on conducting poly (3,4-ethylenedioxythiophene) films by high-energy-ion irradiation: applications as field emitters and capacitor electrodes[J]. Advanced Functional Materials, 2005, 15: 1465-1470.

[34] S. I. Na, S. S. Kim, J. Jo, et al. Efficient and flexible ITO-free organic solar cells using highly conductive polymer anodes[J]. Adv. Mater, 2008, 20: 4061-4067.

[35] J. Luo, S. Jiang, Y. Wu, et al. Synthesis of stable aqueous dispersion of graphene/polyaniline composite mediated by polystyrene sulfonic acid [J]. Journal of Polymer Science Part A: Polymer Chemistry, 2012, 50: 4888-4894.

[36] Y. Zhao, G. -S. Tang, Z. -Z. Yu, et al. The effect of graphite oxide on the thermoelectric properties of polyaniline[J]. Carbon, 2012, 50: 3064-3073.

[37] R. Chan Yu King, F. Roussel, J. -F. Brun, et al. Carbon nanotube-polyaniline nanohybrids: Influence of the carbon nanotube characteristics on the morphological, spectroscopic, electrical and thermoelectric properties [J]. Synthetic Metals, 2012, 162: 1348-1356.

[38] J. Xiang, L. T. Drzal . Templated growth of polyaniline on exfoliated graphene nanoplatelets (GNP) and its thermoelectric properties[J]. Polymer, 2012, 53: 4202-4210.

[39] H. Wang, L. Yin, X. Pu, et al. Facile charge carrier adjustment for improving thermopower of doped polyaniline[J]. Polymer, 2013, 54: 1136-1140.

[40] Qin Yao, Lidong Chen, W. Zhang, et al. Enhanced thermoelectric performance of single-walled carbon nanotubes/polyaniline hybrid nanocomposites [J]. ACS Nano, 2010, 4: 2445-2451.

[41] Q. Li, L. Cruz, P. Phillips. Granular-rod model for electronic conduction in polyaniline[J]. Physical Review B, 1993, 47: 1840.

[42] W. Lee, C. T. Hong, O. H. Kwon, et al. Enhanced thermoelectric performance of bar-coated SWCNT/P3HT thin films [J]. ACS applied materials & interfaces, 2015, 7: 6550-6556.

[43] Q. Zhang, Y. Sun, W. Xu, et al. Thermoelectric energy from flexible P3HT films doped with a ferric salt of triflimide anions[J]. Energy & Environmental Science, 2012, 5: 9639-9644.

[44] J. Luo, D. Billep, T. Waechtler, et al. Enhancement of the thermoelectric properties of PEDOT: PSS thin films by post-treatment[J]. Journal of Materials Chemistry A, 2013, 1: 7576-7583.

[45] G. H. Kim, D. H. Hwang, S. I. Woo. Thermoelectric properties of nanocomposite thin films prepared with poly(3,4-ethylenedioxythiophene) poly(styrenesulfonate) and graphene[J]. Physical Chemistry Chemical Physics, 2012, 14: 3530-3536.

[46] T. C. Tsai, T. H. Chen, H. C Chang, et al. A facile surface treatment utilizing binary mixtures of ammonium salts and polar solvents for multiply enhancing

thermoelectric PEDOT:PSS films[J]. Journal of Polymer Science Part A:Polymer Chemistry,2014,52:3303-3306.

[47] B. Zhang, J. Sun, H. E. Katz, et al. Promising thermoelectric properties of commercial PEDOT:PSS materials and theirBi$_2$Te$_3$ powder composites[J]. ACS applied materials & interfaces,2010,2:3170-3178.

[48] C. Meng, C. Liu, S. Fan. A promising approach to enhanced thermoelectric properties using carbon nanotube networks[J]. Advanced materials,2010,22: 535-539.

[49] Y. Wang,K. Cai,J. Yin,et al. In situ fabrication and thermoelectric properties of PbTe-polyaniline composite nanostructures[J]. Journal of Nanoparticle Research, 2011,13:533-539.

[50] C. Cho,B. Stevens,J. H. Hsu,et al. Completely Organic multilayer thin film with thermoeiectric power factor rivaling inorganic tellurides[J]. Advanced Materials, 2015,27:2996-3001.

[51] Q. Zhang,Y. M. Sun,W. Xu,et al. Thermoelectric energy from flexible P3HT films doped with a ferric salt of triflimide anions[J]. Energ Environ Sci,2012,5:9639-9644.

[52] Q. Yao,Q. Wang,L. M. Wang,et al. Abnormally enhanced thermoelectric transport properties of SWNT/PANI hybrid films by the strengthened PANI molecular ordering[J]. Energ Environ Sci,2014,7:3801-3807.

[53] Q. Yao,Q. Wang, L. Wang, et al. Abnormally enhanced thermoelectric transport properties of SWNT/PANI hybrid films by the strengthened PANI molecular ordering[J]. Energy & Environmental Science,2014,7:3801-3807.

[54] J. Sun,M. L. Yeh,B. Jung,et al. Simultaneous increase in seebeck coefficient and conductivity in a doped poly (alkylthiophene) blend with defined density of states [J]. Macromolecules,2010,43:2897-2903.

[55] N. Toshima, M. Imai, S. Ichikawa. Organic-inorganic nanohybrids as novel thermoelectric materials: hybrids of polyaniline and bismuth (Ⅲ) telluride nanoparticles[J]. Journal of electronic materials,2011,40:898-902.

[56] Y. Du,S. Shen,W. Yang,et al. Facile preparation and characterization of poly (3-hexylthiophene)/multiwalled carbon nanotube thermoelectric composite films[J]. Journal of electronic materials,2012,41:1436-1441.

[57] C. Bounioux,P. Díaz-Chao,M. Campoy-Quiles,et al. Thermoelectric composites of

poly (3-hexylthiophene) and carbon nanotubes with a large power factor[J]. Energ Environ Sci,2013, 6 : 918-925.

[58] Y. Du, K. Cai, S. Shen, et al. Preparation and characterization of graphene nanosheets/poly (3-hexylthiophene) thermoelectric composite materials [J]. Synthetic Metals,2012,162 : 2102-2106.

[59] Y. Yang, Z. H. Lin, T. Hou, et al. Nanowire-composite based flexible thermoelectric nanogenerators and self-powered temperature sensors [J]. Nano Research,2012, 5 :888-895.

[60] Q. Zhang, Y. Sun, W. Xu, et al. What to expect from conducting polymers on the playground of thermoelectricity:Lessons learned from four high-mobility polymeric semiconductors[J]. Macromolecules,2014, 47:609-615.

[61] R. Yue, J. Xu. Poly (3, 4-ethylenedioxythiophene) as promising organic thermoelectric materials:A mini-review[J]. Synthetic metals,2012,162:912-917.

[62] Y. Sun,P. Sheng,C. Di,et al. Organic Thermoelectric Materials and Devices Based on p - and n-Type Poly (metal 1,1,2,2-ethenetetrathiolate) [J]. Advanced Materials,2012,24:932-937.

[63] H. Shi, C. Liu, J. Xu, et al. Facile fabrication of PEDOT: PSS/polythiophenes bilayered nanofilms on pure organic electrodes and their thermoelectric performance[J]. ACS applied materials & interfaces,2013,5:12811-12819.

[64] A. Soni,Y. Shen, M. Yin,et al. Interface driven energy filtering of thermoelectric power in spark plasma sintered Bi_2Te_2.7Se0.3 nanoplatelet composites[J]. Nano Lett,2012,12:4305-4310.

[65] Y. Wang,K. Cai,X. Yao. Facile fabrication and thermoelectric properties of PbTe-modified poly (3, 4-ethylenedioxythiophene) nanotubes [J]. ACS applied materials & interfaces,2011,3:1163-1166.

[66] N. E. Coates, S. K. Yee, B. McCulloch, et al. Effect of interfacial properties on polymer-nanocrystal thermoelectric transport[J]. Advanced Materials,2013,25: 1629-1633.

[67] Y. Du, K. Cai,S. Chen, et al. Facile preparation and thermoelectric properties of Bi2Te3 based alloy nanosheet/PEDOT:PSS composite films [J]. ACS applied materials & interfaces,2014,6:5735-5743.

[68] K. C. See, J. P. Feser, C. E. Chen, et al. Water-processable polymer-nanocrystal hybrids for thermoelectrics[J]. Nano Lett,2010,10:4664-4667.

[69] C. Yu, Y. S. Kim, D. Kim, et al. Thermoelectric behavior of segregated-network polymer nanocomposites[J]. Nano Lett,2008,8: 4428-4432.

[70] D. Kim,Y. Kim,K. Choi,et al. Improved thermoelectric behavior of nanotube-filled polymer composites with poly (3,4-ethylenedioxythiophene) poly styrenesulfonate [J]. Acs Nano,2009,4:513-523.

[71] G. P. Moriarty,S. De,P. J. King,et al. Thermoelectric behavior of organic thin film nanocomposites[J]. Journal of Polymer Science Part B:Polymer Physics,2013, 51:119-123.

[72] C. Yu,K. Choi,L. Yin,et al. Light-weight flexible carbon nanotube based organic composites with large thermoelectric power factors[J]. ACS nano,2011,5:7885-7892.

[73] Y. Du, K. F. Cai, S. Z. Shen, et al. The thermoelectric performance of carbon black/poly (3,4-ethylenedioxythiophene): poly (4-styrenesulfonate) composite films[J]. Journal of Materials Science:Materials in Electronics,2013,24:1702-1706.

[74] Y. Du,S. Z. Shen,W. Yang,et al. Preparation and characterization of multiwalled carbon nanotube/poly (3-hexylthiophene) thermoelectric composite materials [J]. Synthetic Metals,2012,162:375-380.

[75] K. Xu, G. Chen, D. Qiu. Convenient construction of poly (3, 4-ethylenedioxythiophene)-graphene pie-like structure with enhanced thermoelectric performance[J]. Journal of Materials Chemistry A,2013,1:12395-12399.

[76] F. Li,K. Cai,S. Chen,et al. Preparation and thermoelectric properties of reduced graphene oxide/PEDOT:PSS composite films[J]. Synthetic Metals,2014,197:58-61.

[77] Y. Du, S. Z. Shen, K. Cai, et al. Research progress on polymer-inorganic thermoelectric nanocomposite materials[J]. Progress in Polymer Science,2012, 37:820-841.

[78] Olga Bubnova, Zia Ullah Khan, Abdellah Malti, et al. Optimization of the thermoelectric figure of merit in the conducting polymer poly (3, 4-ethylenedioxythiophene[J]. Nature materials,2011,10:429-433.

[79] J. Feng-Xing,X. Jing-Kun,L. Bao-Yang,et al. Thermoelectric performance of poly (3, 4-ethylenedioxythiophene): poly styrenesulfonate [J]. Chinese Physics Letters,2008,25:2202.

［80］ M. Scholdt, H. Do, J. Lang, et al. Organic semiconductors for thermoelectric applications,Journal of electronic materials［J］.2010,39:1589-1592.

［81］ C. Liu,J. Xu,B. Lu,et al. Simultaneous increases in electrical conductivity and Seebeck coefficient of PEDOT:PSS films by adding ionic liquids into a polymer solution［J］. Journal of Electronic Materials,2012,41:639-645.

［82］ K. Fang-Fang, L. Cong-Cong, X. Jing-Kun, et al. Simultaneous enhancement of electrical conductivity and Seebeck coefficient of poly (3, 4-ethylenedioxythiophene):poly (styrenesulfonate) films treated with urea［J］. Chinese Physics Letters,2011,28 :037201.

［83］ M. Culebras, C. Gómez, A. Cantarero. Enhanced thermoelectric performance of PEDOT with different counter-ions optimized by chemical reduction［J］. Journal of Materials Chemistry A,2014,2:10109-10115.

［84］ S. H. Lee,H. Park,S. Kim,et al. Transparent and flexible organic semiconductor nanofilms with enhanced thermoelectric efficiency ［J］. Journal of Materials Chemistry A,2014,2:7288-7294.

［85］ T. Park, C. Park, B. Kim, et al. Flexible PEDOT electrodes with large thermoelectric power factors to generate electricity by the touch of fingertips［J］. Energy & Environmental Science,2013,6:788-792.

［86］ G. H. Kim,L. Shao,K. Zhang,et al. Engineered doping of organic semiconductors for enhanced thermoelectric efficiency［J］. Nature materials,2013,12:719-723.

［87］ G. Adam,J. H. Gibbs. On the temperature dependence of cooperative relaxation properties in glass - forming liquids［J］. The journal of chemical physics,1965, 43:139-146.

［88］ 刘文.共轭聚合物中的极化子动力学与齐纳隧穿研究 ［D］.济南:山东大学, 2009.

［89］张永强. 一维导电共聚物中极化子输运的动力学研究 ［D］.济南:山东大学, 2007.

［90］ M. Wohlgenannt,X. Jiang,Z. Vardeny . Confined and delocalized polarons in π-conjugated oligomers and polymers:A study of the effective conjugation length ［J］. Physical review B,2004,69:241204.

［91］ Y. -W. Park, A. Heeger, M. Druy, et al. Electrical Transport in Doped Polyacetylene［J］. DTIC Document,1980.

［92］李冬梅.杂环聚合物的电子结构与光学性质的量子化学方法研究［D］.济南:

山东大学,2004.

[93] 张明华.实坐标空间下聚合物电子结构及电荷输运性质的研究[D].济南:山东大学,2009.

[94] 黄惠,郭忠诚.导电聚苯胺的制备及应用[M].北京:科学出版社,2010.

[95] W. P. Su,J. Schrieffer, A. J. Heeger. Solitons in polyacetylene[J]. Physical Review Letters,1979,42:1698.

[96] R. Rinaldi, A. Biasco, G. Maruccio, et al. Electronic rectification in protein devices[J]. Applied physics letters,2003,82:472-474.

[97] A. J. Heeger,S. Kivelson,J. Schrieffer,et al. Solitons in conducting polymers[J]. Reviews of Modern Physics,1988,60:781.

[98] P. Davids, A. Saxena, D. Smith. Bipolaron lattice formation at metal-polymer interfaces[J]. Physical Review B,1996,53:4823.

[99] O. Bubnova,X. Crispin. Towards polymer-based organic thermoelectric generators [J]. Energy & Environmental Science,2012,5: 9345-9362.

[100] P. A. Levermore,L. Chen, X. Wang,et al. Fabrication of highly conductive poly (3,4-ethylenedioxythiophene) films by vapor phase polymerization and their application in efficient organic light-emitting diodes [J]. Advanced Materials, 2007,19:2379-2385.

[101] M. V. Fabretto,D. R. Evans,M. Mueller,et al. Polymeric material with metal-like conductivity for next generation organic electronic devices [J]. Chemistry of Materials,2012,24:3998-4003.

[102] M. Döbbelin,R. Marcilla,M. Salsamendi,et al. Influence of ionic liquids on the electrical conductivity and morphology of PEDOT:PSS films[J]. Chemistry of Materials,2007,19:2147-2149.

[103] S. Ahmad, M. Deepa, S. Singh. Electrochemical synthesis and surface characterization of poly (3,4-ethylenedioxythiophene) films grown in an ionic liquid[J]. Langmuir,2007,23:11430-11433.

[104] G. Greczynski, T. Kugler, W. Salaneck. Characterization of the PEDOT-PSS system by means of X-ray and ultraviolet photoelectron spectroscopy[J]. Thin Solid Films,1999,354:129-135.

[105] H. A. L. A. A. Pettersson, T. Johansson, F. Carlsson, et al. Anisotropic optical properties of doped poly (3,4-ethylenedioxythiophene) [J]. Synthetic Metals, 1999,101-107.

[106] J. Wang, K. Cai, S. Shen. Enhanced thermoelectric properties of poly(3,4-ethylenedioxythiophene) thin films treated with H_2SO_4[J]. Organic Electronics, 2014,15:3087-3095.

[107] J. Wang, K. Cai, S. Shen. A facile chemical reduction approach for effectively tuning thermoelectric properties of PEDOT films[J]. Organic Electronics,2015, 17:151-158.

[108] X. Yang, S. Shang, L. Li, et al. Vapor phase polymerization of 3,4-ethylenedioxythiophene on flexible substrate and its application on heat generation[J]. Polymers for Advanced Technologies,2011,22:1049-1055.

[109] Y. M. Chang,W. F. Su,L. Wang. Influence of photo-induced degradation on the optoelectronic properties of regioregular poly(3-hexylthiophene)[J]. Solar Energy Materials and Solar Cells,2008,92:761-765.

[110] S. Marciniak, X. Crispin, K. Uvdal, et al. Light induced damage in poly(3,4-ethylenedioxythiophene) and its derivatives studied by photoelectron spectroscopy[J]. Synthetic Metals,2004,141:67-73.

[111] Q. Wei, M. Mukaida, Y. Naitoh, et al. Morphological change and mobility enhancement in PEDOT:PSS by adding co-solvents[J]. Advanced Materials, 2013,25:2831-2836.

[112] J. Ouyang, Q. Xu, C. W. Chu, et al. On the mechanism of conductivity enhancement in poly(3,4-ethylenedioxythiophene):poly(styrene sulfonate) film through solvent treatment[J]. Polymer,2004,45:8443-8450.

[113] Y. Xia,J. Ouyang. Significant conductivity enhancement of conductive poly(3,4-ethylenedioxythiophene):poly(styrenesulfonate) films through a treatment with organic carboxylic acids and inorganic acids[J]. ACS applied materials & interfaces,2010,2:474-483.

[114] X. Feng, X. Wang. Thermophysical properties of free-standing micrometer-thick Poly(3-hexylthiophene) films[J]. Thin Solid Films,2011,519:5700-5705.

[115] J. C. Duda, P. E. Hopkins, Y. Shen, et al. Thermal transport in organic semiconducting polymers[J]. Applied Physics Letters, 2013, 102: 251912-251917.

[116] H. L. Kwok. Thermal conductivity and ZT in disordered organic thermoelectrics [J]. Journal of Electronic Materials,2012,42:355-358.

[117] N. Massonnet, A. Carella, O. Jaudouin, et al. Improvement of the Seebeck

coefficient of PEDOT:PSS by chemical reduction combined with a novel method for its transfer using free-standing thin films[J]. Journal of Materials Chemistry C,2014,2:1278-1283.

[118] H. Park, S. H. Lee, F. S. Kim, et al. Enhanced thermoelectric properties of PEDOT:PSS nanofilms by a chemical dedoping process[J]. Journal of Materials Chemistry A,2014,2:6532-6539.

[119] S. K. Yee, N. E. Coates, A. Majumdar, et al. Thermoelectric power factor optimization in PEDOT:PSS tellurium nanowire hybrid composites[J]. Physical chemistry chemical physics:PCCP,2013,15:4024-4032.

[120] Y. Du, K. F. Cai, S. Chen, et al. Facile preparation and thermoelectric properties of Bi2) Te(3) based alloy nanosheet/PEDOT:PSS composite films[J]. ACS applied materials & interfaces,2014,6:5735-5743.

[121] Q. Pei, G. Zuccarello, M. Ahlskog, et al. Electrochromic and highly stable poly (3, 4-ethylenedioxythiophene) switches between opaque blue-black and transparent sky blue[J]. Polymer,1994,35:5.

[122] D. C. Martin, J. Wu, C. M. Shaw, et al. The morphology of poly (3, 4-ethylenedioxythiophene[J]. Polymer Reviews,2010,50:340-384.

[123] Y. Lei, H. Oohata, S. i. Kuroda, et al. Highly electrically conductive poly (3,4-ethylenedioxythiophene) prepared via high-concentration emulsion polymerization [J]. Synthetic metals,2005,149:211-217.

[124] G. Greczynski, T. Kugler, W. R. Salaneck. Characterization of the PEDOT-PSS system by means of X-ray and ultraviolet photoelectron spectroscopy[J]. Thin Solid Films,1999,354:129-135.

[125] M. A. Khan, S. P. Armes, C. Perruchot, et al. Surface characterization of poly(3, 4-ethylenedioxythiophene)-coated latexes by X-ray photoelectron spectroscopy [J]. Langmuir,2000,16:4171-4179.

[126] M. Fabretto, K. Zuber, C. Hall, et al. The role of water in the synthesis and performance of vapour phase polymerised PEDOT electrochromic devices[J]. Journal of Materials Chemistry,2009,19:7871-7878.

[127] W. W. Chiu, J. Travas-Sejdic, R. P. Cooney, et al. Spectroscopic and conductivity studies of doping in chemically synthesized poly(3,4-ethylenedioxythiophene) [J]. Synthetic Metals,2005,155:80-88.

[128] M. Łapkowski, A. Proń. Electrochemical oxidation of poly (3, 4-

ethylenedioxythiophene) — "in situ" conductivity and spectroscopic investigations[J]. Synthetic Metals,2000,110:79-83.

[129] S. Garreau,G. Louarn,J. P. Buisson,et al. In situ spectroelectrochemical raman studies of poly (3,4-ethylenedioxythiophene) (PEDT) [J]. Macromolecules, 1999,32:6807-6812.

[130] Y. H. Kim, C. Sachse, M. L. Machala, et al. highly conductive PEDOT:PSS electrode with optimized solvent and thermal post-treatment for ITO-free organic solar cells[J]. Advanced Functional Materials,2011,21:1076-1081.

[131] P. Hojati-Talemi, C. Bachler, M. Fabretto, et al. Ultrathin polymer films for transparent electrode applications prepared by controlled nucleation [J]. ACS applied materials & interfaces,2013.

[132] Y. Du, S. Z. Shen, W. Yang, et al. Simultaneous increase in conductivity and Seebeck coefficient in a polyaniline/graphene nanosheets thermoelectric nanocomposite[J]. Synthetic Metals,2012,161:2688-2692.

[133] Choongho Yu , Kyungwho Choi , Liang Yin , et al. Light-weight flexible carbon nanotube based organic composites with large thermoelectric power factors[J]. ACS Nano,2011,5:7885-7892.

[134] C. Bounioux,P. Diaz-Chao, M. Campoy-Quiles, et al. Thermoelectric composites of poly(3-hexylthiophene) and carbon nanotubes with a large power factor[J]. Energy & Environmental Science,2013,6:918-925.

[135] Y. Lu, Y. Song, F. Wang. Thermoelectric properties of graphene nanosheets-modified polyaniline hybrid nanocomposites by an in situ chemical polymerization [J]. Materials Chemistry and Physics,2013,138:238-244.

[136] O. Bubnova,Z. U. Khan,H. Wang,et al. X. Crispin,Semi-metallic polymers[J]. Nature materials,2014,13:190-194.

[137] N. F. Mott,E. A. Davis. Electronic Processes in Non-Crystalline Materials[M]. Oxford University Press. ,1979.

[138] C. Yu,Y. Ryu,L. Yin,et al. Modulating electronic transport properties of carbon nanotubes to improve the thermoelectric power factor via nanoparticle decoration [J]. ACS Nano,2011,5:1297-1303.

[139] Y. S. Kim, D. Kim, K. J. Martin, et al. Influence of stabilizer concentration on transport behavior and thermopower of CNT-filled latex-based composites [J]. Macromolecular Materials and Engineering,2010,295:431-436.

[140] J. Liu, J. Sun, L. Gao. Flexible single-walled carbon nanotubes/polyaniline composite films and their enhanced thermoelectric properties [J]. Nanoscale, 2011,3:3616-3619.

[141] Marisol Reyes-Reyes, Isidro Cruz-Cruz, R. n. Lo´pez-Sandoval. Enhancement of the electrical conductivity in PEDOT:PSS Films by the Addition of Dimethyl Sulfate[J]. J. Phys. Chem. C 2010,114:20220-20224.

[142] Y. K. Han, M. Y. Chang, W. Y. Huang, et al. Improved performance of polymer solar cells featuring one-dimensional PEDOT nanorods in a modified buffer layer [J]. Journal of The Electrochemical Society,2011,158:K88-K93.

[143] J. Zhou, G. Lubineau. Improving electrical conductivity in polycarbonate nanocomposites using highly conductive PEDOT/PSS coated MWCNTs[J]. ACS applied materials & Interfaces,2013,5:6189-6200.

[144] G. Z. Guan, Z. B. Yang, L. B. Qiu, et al. Oriented PEDOT:PSS on aligned carbon nanotubes for efficient dye-sensitized solar cells [J]. Journal of Materials Chemistry A,2013,1:13268-13273.

[145] M. Giulianini, E. R. Waclawik, J. M. Bell, et al. Evidence of multiwall carbon nanotube deformation caused by poly (3-hexylthiophene) adhesion [J]. The Journal of Physical Chemistry C,2011,115:6324-6330.

[146] X. Crispin, S. Marciniak, W. Osikowicz, et al. Conductivity, morphology, interfacial chemistry, and stability of poly(3,4-ethylene dioxythiophene) – poly (styrene sulfonate):A photoelectron spectroscopy study[J]. Journal of Polymer Science Part B:Polymer Physics,2003,41:2561-2583.

[147] Y. Xia, K. Sun, J. Ouyang. Solution-processed metallic conducting polymer films as transparent electrode of optoelectronic devices[J]. Advanced Materials,2012, 24:2436-2440.

[148] S. Garreau, J. L. Duvail, G. Louarn. Spectroelectrochemical studies of poly(3,4-ethylenedioxythiophene) in aqueous medium[J]. Synthetic Metals,2001,125: 325-329.

[149] B. Winther-Jensen, K. West. Stability of highly conductive poly-3,4-ethylene-dioxythiophene[J]. Reactive and Functional Polymers,2006,66:479-483.

[150] D. Alemu, H. -Y. Wei, K. -C. Ho, et al. Highly conductive PEDOT:PSS electrode by simple film treatment with methanol for ITO-free polymer solar cells [J]. Energy & Environmental Science,2012,5:9662.

[151] G. H. Kim, L. Shao, K. Zhang, et al. Engineered doping of organic semiconductors for enhanced thermoelectric efficiency[J]. Nature Materials, 2013, 12:719-723.

[152] S. G. Im, K. K. Gleason. Systematic control of the electrical conductivity of poly (3, 4-ethylenedioxythiophene) via oxidative chemical vapor deposition [J]. Macromolecules, 2007, 40:6552-6556.

[153] T. C. Chung, J. Kaufman, A. Heeger, et al. Charge storage in doped poly (thiophene):Optical and electrochemical studies[J]. Phys Rev B, 1984, 30: 702-710.

[154] T. Y. Kim, C. M. Park, J. E. Kim, et al. Electronic, chemical and structural change induced by organic solvents in tosylate-doped poly(3,4-ethylenedioxythiophene) (PEDOT-OTs)[J]. Synthetic Metals, 2005, 149:169-174.

[155] Y. Li, X. Hu, S. Zhou, et al. A facile process to produce highly conductive poly (3,4-ethylenedioxythiophene) films for ITO-free flexible OLED devices[J]. J Mater Chem C, 2014, 2:916-924.

[156] W. W. Chiu, J. Travaš-Sejdic, R. P. Cooney, et al. Studies of dopant effects in poly (3,4-ethylenedi-oxythiophene) using Raman spectroscopy[J]. Journal of Raman Spectroscopy, 2006, 37:1354-1361.

[157] Y. Xia, J. Ouyang. PEDOT:PSS films with significantly enhanced conductivities induced by preferential solvation with cosolvents and their application in polymer photovoltaic cells[J]. Journal of Materials Chemistry, 2011, 21:4927-4936.

[158] M. Culebras, C. M. Gómez, A. Cantarero. Enhanced thermoelectric performance of PEDOT with different counter-ions optimized by chemical reduction[J]. Journal of Materials Chemistry A, 2014, 2:10109-10115.

[159] S. H. Lee, H. Park, S. Kim, et al. Transparent and flexible organic semiconductor nanofilms with enhanced thermoelectric efficiency [J]. Journal of Materials Chemistry A, 2014, 2:7288-7294.

[160] O. Bubnova, M. Berggren, X. Crispin. Tuning the thermoelectric properties of conducting polymers in an electrochemical transistor[J]. Journal of the American Chemical Society, 2012, 134:16456-16459.

[161] J. Gao, F. Liu, Y. Liu, et al. Environment-friendly method to produce graphene that employs vitamin C and amino acid[J]. Chemistry of Materials, 2010, 22: 2213-2218.

[162] L. Lindell, A. Burquel, F. L. Jakobsson, et al. Transparent, plastic, low-work-

function poly (3, 4-ethylenedioxythiophene) electrodes [J]. Chemistry of materials,2006,18:4246-4252.

[163] S. A. Spanninga, D. C. Martin, Z. Chen. X-ray photoelectron spectroscopy study of counterion incorporation in poly(3,4-ethylenedioxythiophene) [J]. Phys. Chem. C,2009,113:5585-5592.

[164] T. Wang, Y. Qi, J. Xu, et al. Effects of poly (ethylene glycol) on electrical conductivity of poly (3,4-ethylenedioxythiophene)-poly (styrenesulfonic acid) film[J]. Applied Surface Science,2005,250:188-194.

[165] K. Xing, M. Fahlman, X. Chen, et al. The electronic structure of poly (3,4-ethylene-dioxythiophene):studied by XPS and UPS[J]. Synthetic Metals,1997, 89:161-165.

[166] R. A. Silva, G. Goulart Silva, M. A. Pimenta. Raman study of triblock polyether/LiCF3SO3 polymeric electrolytes[J]. Journal of Raman Spectroscopy,2001,32: 369-371.

[167] J. Tsukamoto, A. Takahashi, K. Kawasaki. Structure and electrical properties of polyacetylene yielding a conductivity of 105 S/cm [J]. Japanese Journal of Applied Physics,1990,29:125.

[168] S. Pei, J. Zhao, J. Du, et al. Direct reduction of graphene oxide films into highly conductive and flexible graphene films by hydrohalic acids[J]. Carbon,2010, 48:4466-4474.

[169] J. Zhao, S. Pei, W. Ren, et al. Efficient preparation of large-area graphene oxide sheets for transparent conductive films[J]. ACS Nano,2010,4:5245-5252.

[170] S. Pei, H. M. Cheng. The reduction of graphene oxide [J]. Carbon, 2012, 50: 3210-3228.

[171] W. W. Chiu, J. Travaš-Sejdi, R. P. Cooney, et al. Spectroscopic and conductivity studies of doping in chemically synthesized poly (3,4-ethylenedioxythiophene) [J]. Synthetic Metals,2005,155:80-88.

[172] X. Zhan, M. Yang, Y. Shen, et al. Vibration and photoelectron spectroscopies of iodine-doped poly (p-diethynylbenzene) [J]. European Polymer Journal, 2002, 38:2349-2353.

[173] S. A. Spanninga, D. C. Martin, Z. Chen. X-ray photoelectron spectroscopy study of counterion incorporation in Poly (3,4-ethylenedioxythiophene) (PEDOT) 2: polyanion effect, toluenesulfonate, and small anions[J]. J. Phys. Chem. C,2010,

114:14992-14997.

[174] C. Wochnowski, S. Metev. UV-laser-assisted synthesis of iodine-doped electrical conductive polythiophene[J]. Applied Surface Science,2002,186:34-39.

[175] Y. W. Lee, K. Do, T. H. Lee, et al. Iodine vapor doped polyaniline nanoparticles counter electrodes for dye-sensitized solar cells[J]. Synthetic Metals,2013,174: 6-13.

[176] S. Lu, X. Zhang, T. Feng, et al. Preparation of polypyrrole thin film counter electrode with pre-stored iodine and resultant influence on its performance[J]. Journal of Power Sources,2015,274:1076-1084.

[177] P. Simek, K. Klimova, D. Sedmidubsky,et al. Towards graphene iodide:iodination of graphite oxide[J]. Nanoscale,2015,7:261-270.

[178] L. Fu, Y. Liu, M. Pan,et al. Accumulation of versatile iodine species by a porous hydrogen-bonding Cu (ii) coordination framework [J]. Journal of Materials Chemistry A,2013,1:8575.

[179] Z. Yao, H. Nie, Z. Yang, et al. Catalyst-free synthesis of iodine-doped graphene via a facile thermal annealing process and its use for electrocatalytic oxygen reduction in an alkaline medium[J]. Chemical Communications,2012,48:1027-1029.

[180] L. M. H. Groenewoud, G. H. M. Engbers, R. White, et al. On the iodine doping process of plasma polymerised thiophene layers[J]. Synthetic Metals,2001,125: 429-440.

[181] A. Chilkoti, B. D. Ratner. X-ray photoelectron spectroscopy of iodine-doped nonconjugated polymers[J]. Chemistry of Materials,1993,5:786-792.

[182] H. Yan, T. Ohta, N. Toshima. Stretched polyaniline films doped by (±)-10-camphorsulfonic acid:anisotropy and Improvement of Thermoelectric properties [J]. Macromolecular Materials and Engineering,2001,286:139-142.

[183] M. Fabretto,M. Muller, K. Zuber,et al. Influence of PEG-ran-PPG Surfactant on Vapour Phase Polymerised PEDOT Thin Films [J]. Macromolecular rapid communications,2009,30:1846-1851.

[184] D. Briggs, G. Beamson. XPS studies of the oxygen 1s and 2s levels in a wide range of functional polymers[J]. Anal. Chem. ,1993,65:1517-1524.

[185] S. Mukherjee, R. Singh, S. Gopinathan, et al. Solution-processed poly (3, 4-ethylenedioxythiophene) thin films as transparent conductors: effect of p-

toluenesulfonic acid in dimethyl sulfoxide [J]. ACS Applied Materials & Interfaces,2014 .

[186] D. Alemu,H. -Y. Wei,K. -C. Ho,et al. Highly conductive PEDOT:PSS electrode by simple film treatment with methanol for ITO-free polymer solar cells [J]. Energy & Environmental Science,2012,5:9662-9671.

[187] Y. Xia, J. Ouyang. Highly conductive PEDOT:PSS films prepared through a treatment with geminal diols or amphiphilic fluoro compounds [J]. Organic Electronics,2012,13:1785-1792.

[188] M. Stavytska-Barba, A. M. Kelley. Surface-enhanced raman study of the interaction of PEDOT:PSS with plasmonically active nanoparticles[J]. J. Phys. Chem. C,2010,114:6822-6830.

[189] A. Zykwinska,W. Domagala,A. Czardybon,et al. In situ EPR spectroelectrochemical studies of paramagnetic centres in poly(3,4-ethylenedioxythiophene) (PEDOT) and poly (3, 4-butylenedioxythiophene) (PBuDOT) films [J]. Chemical Physics,2003,292:31-45.